EXPOSÉ

DES

TRAVAUX SCIENTIFIQUES

DE

M. CHARLES RICHET

PARIS

TYPOGRAPHIE CHAMEROT ET RENOUARD

19, RUE DES SAINTS-PÈRES, 19

1894

EXPOSÉ

DES

TRAVAUX SCIENTIFIQUES

DE

M. CHARLES RICHET

Professeur de Physiologie à la Faculté de médecine de Paris (1887).
Docteur ès sciences (1878).
Directeur de la *Revue scientifique* (1878).
Membre de la Société de Biologie (1881).
Lauréat de l'Institut (Prix de Physiologie expérimentale, 1879).

PARIS

TYPOGRAPHIE CHAMEROT ET RENOUARD

19, RUE DES SAINTS-PÈRES, 19

1894

Avant d'entrer dans le détail des indications bibliographiques, nombreuses et diverses, qui constituent l'exposé de mes travaux originaux, je crois devoir brièvement mettre en lumière les faits nouveaux les plus importants que, dans ma carrière de physiologiste, j'ai pu établir :

1º Dans des recherches entreprises à l'instigation de M. Berthelot, et dans son laboratoire, j'ai montré par des preuves, qui ont été regardées comme décisives, que l'acidité du suc gastrique est due à l'acide chlorhydrique, alors qu'à ce moment (1877) l'incertitude sur ce point de la science était complète. J'ai prouvé en outre que l'*acide chlorhydrique se trouve, dans le suc gastrique, sous deux formes différentes :* d'abord à l'état de liberté, puis à l'état de combinaison avec des bases organiques faibles. Depuis lors, de nombreux travaux, dus à d'éminents médecins, ont confirmé ces recherches, et montré leur importance fondamentale dans l'histoire des dyspepsies (1877-1880).

2º La contraction musculaire des vertébrés (surtout de la grenouille) avait été étudiée dans tous ses détails, mais *la forme de la contraction musculaire des invertébrés était à peu près inconnue.* Mes expériences sur l'écrevisse, consignées dans mon livre sur la

Physiologie des muscles et des nerfs, ont mis en lumière beaucoup de faits nouveaux, importants pour la physiologie générale, faits que l'étude du muscle de la grenouille ne peut pas élucider (addition latente — contracture — contraction latente — tétanos rythmique — onde secondaire) (1879-1882).

3° On savait que la sueur permet aux individus exposés à une température élevée de ne pas mourir de chaleur, par suite de la réfrigération qu'amène l'évaporation cutanée ; mais ce procédé de régulation thermique ne peut s'appliquer aux animaux qui ne transpirent pas, par exemple aux chiens, dont la peau est épaisse et garnie de poils, et on ignorait complètement par quels moyens ils peuvent se refroidir sans transpiration. Or j'ai pu déterminer ce mécanisme : les chiens, exposés à une température supérieure à celle du corps, se refroidissent par l'évaporation de l'eau à la surface du poumon. J'ai étudié dans tous ses détails ce phénomène que j'ai appelé *polypnée thermique*. De même, plusieurs années après, j'ai montré que les animaux refroidis se réchauffent par la contraction générale de tous leurs muscles, phénomène que j'ai appelé *frisson thermique* (1883-1893).

Je puis donc dire que j'ai découvert le mécanisme de la régulation thermique.

4° A l'aide d'un nouveau calorimètre, et de nouveaux appareils de dosage des produits gazeux de la respiration, j'ai établi que *les quantités d'oxygène consommé et d'acide carbonique produit sont proportionnelles à la surface cutanée, et non au poids même de l'animal.* Le poids du foie, et la quantité de chaleur produite sont aussi fonctions de l'étendue tégumentaire. La chaleur et les combustions chimiques sont réglées par le système nerveux qui proportionne les oxydations à l'étendue de la surface cutanée. (Expériences sur la piqûre du cerveau. — Mensurations du foie et de la surface. — Expériences sur les chiens chloralisés et chloralosés) (1884-1891).

5° *Le sang des animaux réfractaires à une infection*, soit par l'immunité normale, soit par l'immunité vaccinale, *peut, lorsqu'il est transfusé à un animal sensible à l'infection, lui conférer une immunité plus ou moins complète*. J'ai établi le fait en 1888 par une expérience décisive. Depuis lors on a fait d'innombrables travaux, qui dérivent tous de cette première expérience fondamentale, si bien que l'hématothérapie, ou la sérothérapie, est une des méthodes thérapeutiques qui comportent les plus légitimes espérances. (Traitement du tétanos, de la diphtérie, de la tuberculose) (1888-1894).

6° *La tuberculose aviaire peut vacciner contre la tuberculose humaine, et la tuberculose humaine injectée à très faible dose peut devenir vaccinale*. J'ai pu montrer des chiens devenus par vaccination complètement réfractaires à la tuberculose. Encore que toute application médicale de cette expérience soit impossible actuellement, elle n'en est pas moins d'une grande importance, tant au point de vue de la pathologie générale, qu'au point de vue de l'avenir de la thérapeutique (1891-1894).

7° *J'ai introduit dans la thérapeutique un médicament nouveau, le chloralose*. Outre ses propriétés hypnotiques précieuses, qui en font un médicament, devenu usuel, et très utile, le chloralose peut remplacer le curare dans les investigations physiologiques ; car il abolit la sensibilité à la douleur, en respectant les propriétés réflexes de la moelle épinière. (1893-1894).

NOTICE SUR LES TRAVAUX SCIENTIFIQUES

I

CHIMIE PHYSIOLOGIQUE

1. *Recherches sur l'acidité du suc gastrique de l'homme et observations sur la digestion stomacale faites sur une fistule gastrique.*

Comptes rendus de l'Académie des sciences, 5 mars 1877, t. LXXXIV, p. 450.

2. *De la recherche des acides libres du suc gastrique.*

Comptes rendus de l'Académie des sciences, 25 juin 1877, t. LXXXIV, p. 1514.

3. *De la nature des acides contenus dans le suc gastrique.*

Comptes rendus de l'Académie des sciences, 16 juillet 1877, t. LXXXV, p. 155.

4. *Sur l'acide du suc gastrique.*

Comptes rendus de l'Académie des sciences, 4 mars 1878, t. LXXXVI, p. 676.

5. *De la fermentation lactique du sucre de lait.*

Comptes rendus de l'Académie des sciences, 25 février 1878, t. LXXXVI, p. 550.

6. *Propriétés chimiques et physiologiques du suc gastrique chez l'homme et chez les animaux.*

Journal de l'anatomie et de la physiologie, 1878, t. XIV, p. 170 à 334.

Prix de physiologie expérimentale à l'Académie des sciences, 1879.

Ce mémoire contient les recherches diverses que j'ai eu l'occasion de faire sur le suc gastrique, et dont quelques résultats avaient été présentés à l'Académie des Sciences, dans les cinq notes qui précèdent. J'ai eu la boune fortune de pouvoir faire mes expériences sur un malade que M. Verneuil, dont j'étais alors l'interne, avait opéré de la gastrotomie pour un rétrécissement infranchissable de l'œsophage. Grâce aux conseils de M. le professeur Berthelot, j'ai pu résoudre un certain nombre de problèmes relatifs à la digestion stomacale.

Mon travail a obtenu le prix de physiologie expérimentale, en l'année 1879. Voici comment s'exprimait, à cette occasion, M. Ch. Robin, rapporteur :

« Les recherches de M. Charles Richet sur le suc gastrique comptent parmi les plus précises qui aient été faites depuis longtemps sur cet important liquide. Les méthodes et les procédés de l'analyse chimique, dans ce qu'elle a de plus délicat, ont été appliqués par lui avec une grande sagacité. Il en a perfectionné plusieurs... Il paraît évident pour votre Commission [1] que M. Richet a fixé la science sur une question souvent discutée depuis longtemps, et jusqu'à ces dernières années, celle de la nature de l'acide qui donne au suc gastrique la propriété de rougir le tournesol, de gonfler et rendre hydratables, etc., les viandes, les fécules. Cet acide est l'acide chlorhydrique, mais combiné à la leucine.

« Une fois fixé sur ce point, des expériences proprement dites, d'une part, des analyses chimiques de l'autre, ingénieusement poursuivies dans les cas les plus divers, jusque sur les poissons, les crustacés et les mollusques, ont conduit M. Richet à éclairer nombre de points encore obscurs sur les manières d'agir du suc gastrique...

«... Dans toutes ces recherches se retrouve un caractère scien-

[1]. MM. Vulpian, Gosselin, Milne Edwards, Bouillaud; Ch. Robin, rapporteur.

tifique remarquable : aussi, parmi tous les travaux soumis à votre examen, votre commission a fixé son choix sur celui de M. Richet. »

La plupart des faits nouveaux contenus dans mon mémoire sont adoptés aujourd'hui définitivement par presque tous les physiologistes et les médecins. Un des plus importants me paraît être celui-ci, qui est devenu presque banal à présent, et qui, en 1877, était tout à fait nouveau, c'est que la nature du suc gastrique se modifie pendant la digestion : le suc gastrique pur contient de l'acide chlorhydrique, tandis que, s'il est mélangé aux divers aliments, par suite des fermentations actives qui s'opèrent dans l'estomac, il se fait des acides organiques (lactique, sarcolactique, butyrique, acétique, etc.) qui concourent à donner une plus grande acidité à la masse alimentaire intra-stomacale. Ce sont ces fermentations acides qui constituent l'acidité anormale des liquides stomacaux chez les dyspeptiques. Bien souvent la dyspepsie est le résultat d'une fermentation acide exagérée. Il se fait alors, conformément aux lois du déplacement des sels, un déplacement des sels organiques ingérés, l'acide chlorhydrique de l'estomac remplaçant, dans ces sels, l'acide organique qui est mis en liberté. La méthode des coefficients de partage, dont le principe est dû à M. BERTHELOT, permet d'établir ces relations successives.

Un autre fait de grand intérêt démontré par la méthode des coefficients de partage, c'est que l'acide chlorhydrique de l'estomac, n'est pas à l'état de liberté, mais à l'état de combinaison avec des matières organiques (leucine, peptones et acides amidés) ; ou plutôt qu'il y a, à côté d'une petite quantité d'acide chlorhydrique libre, de l'acide chlorhydrique combiné aux matières organiques.

J'ai étudié aussi la digestion du lait et les conditions de la fermentation lactique dans l'estomac. Le lait est l'aliment qui est le plus vite digéré. Le suc gastrique favorise la fermentation du lait.

En même temps que toutes ces fermentations, il se fait une absorption notable d'oxygène, et la présence de ce gaz augmente beaucoup l'acidification de la masse alimentaire.

7. *De la Dialyse de l'acide du suc gastrique.*

Comptes rendus de l'Acad. des sciences, 17 mars 1884, t. XCVIII, p. 682.

Ferments digestifs.

8. *Quelques faits relatifs à la digestion des poissons.*

Archives de Physiol., 1882, (2ᵉ série, t. X.) p. 536-558.

9. *De quelques faits relatifs à la digestion gastrique des poissons.*

En collaboration avec M. MOURRUT.

Comptes rendus de l'Académie des sciences, 12 avril 1880, t. XC, p. 879.

Nous avons démontré que les divers poissons n'ont pas la même quantité de pepsine active dans l'estomac. La pepsine des raies et des squales est assez active et digère à une température très basse. Le suc gastrique des poissons est extrêmement acide, et contient jusqu'à 15 grammes de HCl par litre. Il ne saccharifie pas l'amidon, et dans un milieu alcalin ou neutre il se putréfie très rapidement.

10. *De quelques conditions de la fermentation lactique.*

Comptes rendus de l'Académie des sciences, 7 avril 1879, t. LXXXVIII, p. 759.

Les sucs digestifs rendent beaucoup plus active la fermentation du sucre de lait. La rapidité de la fermentation croît avec la température jusqu'à 44º, et décroît à partir de 52º. L'ébullition retarde la fermentation, en coagulant les matières albuminoïdes primitivement solubles.

11. *Chimie physiologique de la nutrition.*

Progrès médical, nº 21, 1879, nº 23, 1879, etc., 1880 et 1881.

12. *Des diastases chez les poissons.*
Bull. de la Soc. de Biol., 16 février 1884, p. 74-76.

13. *Ferments diastatiques du sang et des tissus.*
En collaboration avec M. PIGNOL.
Bull. de la Soc. de Biol., 23 février 1884, p. 94-95.

Ferments digestifs.

---

14. *Émission des boissons par l'urine.*
Bull. de la Soc. de Biol., 8 août 1885, p. 563-566.

15. *Dosage de l'azote total*
de l'urine par l'hypobromite de sodium titré.
En collaboration avec M. GLEY.
Bull. de la Soc. de Biol., 28 février 1885, p. 136-138.

16. *Courbe horaire de l'urée et dosage de l'azote total de l'urine.*
En collaboration avec M. GLEY.
Bull. de la Soc. de Biol., 18 juin 1887, p. 377-385.

17. *Dosage des matières extractives de l'urine par l'eau bromée.*
En collaboration avec M. ETARD.
Comptes rendus de l'Académie des sciences, 26 mars 1883, t. XCVI, p. 855.

18. *Nouveau procédé de dosage des matières extractives de l'urine.*
En collaboration avec M. ETARD.
Archives de Physiologie, (3) t. I, 1883, p. 636-644.

19. *Influence de l'acide chlorhydrique sur la fermentation*
ammoniacale de l'urine.
Bull. de la Soc. de Biol., 23 juin 1883, p. 436-438.

Sécrétion rénale
et urine.

20. *Nouveau procédé pour le dosage immédiat des matières dites extractives de l'urine.*

En collaboration avec M. CHAVANNE.

Bull. de la Soc. de Biol., 30 juillet 1881, p. 269-271.

21. *Réactions chimiques réductrices du lait et de l'urine.*

Bull. de la Soc. de Biol., 1er avril 1882, p. 233-235.

Échanges gazeux respiratoires.

22. *Nouveau procédé de dosage de l'oxygène et de l'acide carbonique de la respiration.*

Bull. de la Soc. de Biol., 18 décembre 1886, p. 622-624, et *Comptes rendus de l'Acad. des sciences*, 14 février 1887, t. CIV, p. 435.
Bull. de la Soc. de Biol., 1er avril 1882, p. 233, et 17 juin 1883, p. 455.

23. *Influence de la volonté sur les échanges gazeux respiratoires.*

Comptes rendus de l'Acad. des sciences, 9 mai 1887, t. CIV, p. 1327.

24. *Influence du travail musculaire sur les échanges respiratoires.*

Comptes rendus de l'Acad. des sciences, 27 juin 1887, t. CIV, p. 1865.

25. *Relations du travail musculaire avec les actions chimiques respiratoires.*

Comptes rendus de l'Acad. des sciences, 4 juillet 1887, t. CV, p. 76.

26. *Dosage de l'acide carbonique expiré après lavement gazeux d'acide carbonique.*

Bull. de la Soc. de Biol., 14 mai 1887, p. 306-310.

(Les numéros 22 à 26 ont été faits en collaboration avec M. HANRIOT.)

Ces divers travaux sur la respiration, ont été tous faits en collaboration avec mon collègue M. HANRIOT. Nous avons, en effet, pu employer une méthode nouvelle pour le dosage des gaz de la respiration, qui consiste essentiellement en une mesure volumétrique de l'air inspiré et de l'air expiré avant et après passage à travers la potasse. C'est au moyen de compteurs à gaz, plus précis que les appareils employés jusqu'à ce jour, que se fait la mesure des volume.

Soient trois compteurs A. B. C. A mesure l'air inspiré, B mesure l'air expiré, C mesure l'air expiré, déduction faite de l'acide carbonique que la potasse a absorbé. Il est clair que A — C donnera le volume d'oxygène consommé par la respiration ; et B — C l'acide carbonique produit. Cette méthode est d'une simplicité et d'une rapidité qui la rendent, pensons-nous, préférable à celle qu'on a employées jusqu'ici. Elle se prête à l'emploi de la méthode graphique, et permet d'avoir non seulement la somme des effets obtenus, mais encore la marche de l'expérience ; ce que les autres appareils ne donnent pas, et ce qui a en physiologie une importance de premier ordre. C'est à l'aide de cette méthode que nous avons pu faire de si nombreuses expériences sur les échanges gazeux, chez l'homme et les animaux.

Échanges gazeux respiratoires.

27. *Influence de l'alimentation chez l'homme sur la fixation et l'élimination du carbone.*

Comptes rendus de l'Académie des sciences, 6 février 1888, t. CVI, p. 419.

28. *Influence des différentes alimentations sur les échanges gazeux respiratoires.*

Comptes rendus de l'Académie des sciences, 13 février 1888, t. CVI, p. 496.

29. *Des échanges respiratoires chez l'homme.*

Ann. de chimie et de physique (6° série), t. XXII, avril 1891, p. 1-67.

Les numéros 27 à 29 ont été faits en collaboration avec M Hanriot.

Les faits, sommairement exposés dans les notes qui précèdent (de 23 à 28), ont été présentés avec détails dans ce long mémoire, qui fournit un certain nombre de faits nouveaux, et qui corrobore d'autres faits, déjà connus, par des expériences plus nombreuses.

En voici les principales conclusions :

1° La ventilation moyenne (jeûne, digestion, travail) est de 10 litres d'air par kilogramme et par heure; le CO^2 produit, de $0^{gr},65$, le rapport de CO^2 à O^2, de 0,84; et la proportion de CO^2 dans l'air expiré, de 3,5.

2° Tous ces chiffres sont plus faibles dans le jeûne : $8^{lit},5$ de ventilation; $0^{gr},50$ de CO^2; quotient respiratoire, 0,78; et proportion centésimale de CO^2, 3,25.

3° Pendant la digestion : $9^{lit},5$ de ventilation; $0^{gr},570$ de CO^2; quotient respiratoire, 0,84; proportion centésimale de CO^2, 3,30.

4° L'excès de ventilation dû à la digestion est donc, en chiffres ronds, de 1 litre d'air par kilogramme et par heure, avec un excès de CO^2 égal à $0^{gr},07$.

5° Le quotient respiratoire est d'autant plus élevé qu'il y a plus d'hydrates de carbone dans l'alimentation. Il peut, après une alimentation exclusivement sucrée, dépasser l'unité. Autrement dit, il y a alors plus d'oxygène exhalé à l'état de CO^2 que d'oxygène absorbé et fixé dans les tissus.

6° Les aliments gras et les aliments azotés ne modifient que peu le quotient respiratoire et la ventilation.

7° Après un repas mixte, ou composé d'hydrates de carbone, l'excrétion plus forte de CO^2, concordant avec une ventilation plus active, commence environ une heure après l'ingestion, et a son maximum de deux heures et demie à trois heures et demie après.

8° Une alimentation copieuse, longtemps prolongée, qui détermine l'engraissement, fait que, même au bout d'un jeûne de quarante-huit heures, par suite des réserves nutritives accumulées, le quotient respiratoire minimum 0,70 n'est pas atteint.

9° Le quotient respiratoire, toutes conditions égales d'ailleurs, est d'autant plus élevé que la quantité absolue du CO_2 excrété est plus considérable ; autrement dit, l'oxygène absorbé varie moins que le CO_2 excrété.

10° Une fois que l'état de jeûne a été obtenu, c'est-à-dire au bout d'une dizaine d'heures environ, le quotient respiratoire, la quantité absolue de CO_2 excrété et la ventilation ne décroissent plus que très lentement.

12° La ventilation se proportionne rigoureusement à la quantité de CO_2 excrété, si bien que la mesure de la ventilation suffit pour donner une notion très approchée de la quantité de CO_2 produite dans les tissus.

11° En dehors des cas où le travail musculaire a été fort, on voit que, dans les expériences où le CO_2 va en croissant, la ventilation croît plus vite que le CO_2 excrété, et que le CO_2 croît plus vite que O_2, par conséquent que la régulation dépasse la limite, et se fait en excès.

13° De là cette autre conséquence que la ventilation est plutôt réglée par l'excès de CO_2 que par le défaut de O_2.

14° Le minimum de la ventilation chez un homme adulte normal est (pendant la veille) de $6^{lit},6$, et le minimum de CO_2 excrété de $0^{gr},425$.

15° L'influence de la volonté sur l'excrétion de CO_2 (si l'on élimine l'influence médiate par les contractions musculaires) ne peut s'exercer que pendant quelques minutes, dix à vingt minutes au plus. Passé ce temps, on est forcé de revenir au taux normal.

16° Il y a une variation diurne de l'intensité des échanges respiratoires. Dans une alimentation constante, ou dans un jeûne constant, ainsi que le faisaient prévoir les variations de la courbe thermique, les échanges vont en croissant de 8 heures du matin à 5 heures du soir, et vont en diminuant de 5 heures du soir à 8 heures du matin.

17° La glycérine abaisse beaucoup les échanges respiratoires. Le sulfate de quinine a une action de même nature, mais moins nette. La morphine diminue surtout la ventilation; elle diminue les échanges, mais elle diminue énormément la ventilation pulmonaire, comme si elle rendait les centres nerveux moins sensibles à l'action stimulante du CO_2.

18° Les bains froids et une température basse augmentent beaucoup les échanges et la ventilation. Cette action est quelquefois très prolongée et continue alors même que l'individu est soustrait au bain froid. Ce fait a une certaine importance en thérapeutique.

19° Le gaz CO_2 introduit dans le rectum est rapidement absorbé. Il accélère la ventilation, et on le retrouve tout entier en excédent dans les gaz exhalés par le poumon.

20° Dans l'état de léthargie hystérique, les échanges sont diminués, et la sensibilité des centres nerveux affaiblie à ce point que, dans une expérience remarquable, il y a eu en trente-six minutes une ventilation totale de $4^{lit},72$ (pour une femme de 56 kil.)

21° Chez un individu de 47 kil. prenant 269 gr. de carbone par jour, il y a eu élimination de 208 gr. de C par les poumons, soit 78 p. 100, excrétion par l'urine et les excréments de 26 gr. soit 10 p. 100, et fixation de 35 gr. par jour, soit 12 p. 100, ce qui correspond à une augmentation de poids quotidienne de 300 gr. Avec 230 gr. de carbone dans l'alimentation, l'élimination par les poumons a été de 190 gr. soit 82 p. 100, avec excrétion de 26 gr. soit 12 p. 100, et une fixation de 14 gr. soit 6 p. 100, laquelle correspond à une augmentation de poids quotidienne de 112 gr.

22° Le travail musculaire est, de toutes les conditions physiologiques, celle qui modifie le plus les échanges respiratoires. Les chiffres peuvent être doublés et même triplés, dans un travail énergique. Ce qui croît le plus, c'est la quantité de CO_2 excrété. Le O_2 absorbé croît aussi, mais un peu moins.

Respiration chez l'homme.

23° Avec un travail faible, la ventilation compense exactement l'excès dans la production de CO_2, tandis que, avec un travail fort, la ventilation est insuffisante, et la proportion centésimale du CO_2 de l'air expiré devient plus forte qu'à l'état normal.

24° Quand cette proportion atteint 4,5 p. 100, il y a essoufflement.

25° Un individu couché exhale moins de CO_2 que s'il est assis, et, s'il est assis, moins que s'il est debout.

26° La ventilation se proportionne donc exactement au travail, et l'on peut évaluer à 11 litres d'air d'excédent un travail de 100 kilogrammètres.

27° Pendant le repos qui suit les contractions musculaires, il y a d'abord une ventilation plus active, par suite du CO_2 accumulé dans le sang, puis une ventilation diminuée, comme si les centres nerveux étaient épuisés et moins sensibles que pendant le repos à la stimulation du sang chargé de CO_2.

28° Pour 100 kilogrammètres nous absorbons $0^{lit},300$ d'oxygène en plus, et nous dégageons $0^{lit},400$ de CO_2 en plus.

29° En supposant que c'est, dans la contraction musculaire, du glycose qui brûle, nous trouvons que $0^{gr},400$ de CO_2 répondent à 800 kilogrammètres; par conséquent que le rendement réel est $\frac{1}{9}$ du rendement théorique.

30° En faisant cette même hypothèse, et en prenant pour base non plus le CO_2 produit, mais le O_2 absorbé, nous trouvons une combustion répondant à 645 kilogrammètres avec un rendement réel représentant $\frac{1}{7}$ du rendement théorique. On peut donc supposer que le chiffre exact du rendement de la machine animale est de $\frac{1}{8}$, c'est-à-dire compris entre ces deux limites de $\frac{1}{7}$ et de $\frac{1}{9}$.

30. *Régulation par le système nerveux des combustions respiratoires en rapport avec la taille de l'animal.*

Comptes rendus de l'Académie des sciences, 29 juillet 1889, t. CIX, p. 190.

31. *De la mesure des combustions respiratoires chez le chien.*

Arch. de physiol., (5) t. II, 1890, p. 17-31.

32. *Influence du chloral sur les actions chimiques respiratoires chez le chien.*

Arch. de physiol., (5) t. II. 1890, p. 221-231.

33. *De la mesure des combustions respiratoires chez les oiseaux.*

Arch. de physiol., (5) t. II. 1890, p. 483-495.

34. *De la mesure des combustions respiratoires chez les mammifères.*

Arch. de physiol., (5) t. III. 1891, p. 74-86.

Rapport de la surface cutanée et des échanges respiratoires.

Ces divers mémoires (de 30 à 34) contiennent un très grand nombre de mensurations effectuées par la méthode des trois compteurs, décrite plus haut, qui permet de faire des dosages répétés, prolongés et méthodiques.

J'ai pu ainsi déterminer, avec une précision suffisante, la quantité de CO^2 produit par les chiens de diverses tailles, fait que d'ailleurs REGNAULT et REISET avaient, dans leurs mémorables recherches, déjà établi. Mais j'ai pu multiplier les expériences en opérant sur des chiens de toute taille, et j'en ai donné une formule nouvelle et imprévue.

La quantité d'oxygène consommé est, pour les animaux de même espèce, absolument proportionnelle à leur surface tégumentaire.

En chloralisant des chiens, c'est-à-dire en supprimant les

effets du système nerveux, on voit disparaître ces différences, et les chiens de poids divers consomment les uns les autres des quantités d'oxygène proportionnelles à leur poids et non plus à leur surface; par conséquent, *c'est le système nerveux qui adapte les combustions respiratoires à l'étendue de la surface tégumentaire.*

Chez les oiseaux, la même loi se vérifie avec une netteté remarquable, et aussi chez les divers mammifères, de sorte que j'ai pu, pour cette grande fonction respiratoire, donner une formule générale, en disant que la quantité d'oxygène absorbé et d'acide carbonique produit est à peu près la même chez les différents animaux à sang chaud pour l'unité de surface, c'est-à-dire plus ou moins voisine de $1^{gr},75$ de CO_2 par heure pour 1 000 centimètres carrés.

Je ne me suis permis ces conclusions générales qu'après un grand nombre d'expériences (153 dosages qui me sont personnels, et environ 320 dosages empruntés aux autres auteurs)

II

PHYSIOLOGIE EXPÉRIMENTALE

35. *Recherches expérimentales et cliniques sur la sensibilité.*

Thèse inaugurale de la Faculté de médecine de Paris, 1877.
1 vol. in-8 de 342 pages, chez Masson.

Sensibilité.

Cette thèse est divisée en deux parties. Dans la première partie, j'ai étudié la sensibilité comme fonction des nerfs; dans la seconde, la sensibilité comme fonction des centres. Je n'indiquerai ici que les points où sont consignées mes recherches personnelles.

Dans le laboratoire de M. le professeur MAREY, j'ai étudié le courant nerveux sensitif, la vitesse de la transmission de la sensibilité, vitesse que j'ai évaluée à cinquante mètres par seconde. J'ai analysé l'influence de l'anémie sur la sensibilité des grenouilles et la marche de la mort physiologique des nerfs sensitifs après interruption de la circulation du sang. J'ai aussi étudié sur moi l'influence de l'anémie sur la sensibilité, en faisant la compression méthodique du bras par la bande de caoutchouc. Cette méthode peut être, ainsi que je l'ai montré, si elle est combinée à réfrigération, applicable à l'anesthésie locale dans les opérations chirurgicales. J'ai montré l'analogie remarquable des réactions du système musculaire, placé à l'extrémité des nerfs moteurs et du système cérébro-médullaire placé à l'extrémité des nerfs sensitifs[1]. J'ai pu ainsi étudier le phénomène de l'addition latente, qui jusque-là avait été observé seulement pour la moelle.

Dans la seconde partie de ma thèse, mettant à profit les observations recueillies dans le service de M. le professeur VERNEUIL, j'ai étudié les différentes formes des anesthésies, et j'ai cherché à faire l'étude complète du phénomène *douleur*, lequel, malgré son importance, avait été à peu près négligé[2].

36. *Structure et physiologie des circonvolutions cérébrales.*

Thèse d'agrégation de la Faculté de médecine de Paris, 1878, 1 vol. in-8 de 175 pages, chez Germer Baillière.

Cette thèse a été traduite en anglais sous le titre suivant : *Physiology and Histology of the cerebral convolutions.* New-York, 1879.

Muscles
de l'écrevisse.

37. *De l'influence de la chaleur sur les fonctions des centres nerveux de l'écrevisse.*

Comptes rendus de l'Académie des sciences, 12 mai 1879, t. LXXXVIII, p. 977.

38. *De la forme de la contraction musculaire des muscles de l'écrevisse.*

Comptes rendus de l'Académie des sciences, 28 avril 1879, t. LXXXVIII, p. 808.

39. *De l'action des courants électriques sur le muscle de la pince de l'écrevisse.*

Comptes rendus de l'Académie des sciences, 16 juin 1879, t. LXXVIII, p. 1272.

[1]. Cette partie de mon travail est résumée dans le mémoire suivant : *De l'addition latente des excitations électriques dans les nerfs et dans les muscles (Travaux du laboratoire de M. Marey,* 1877, t. III, p. 97 à 105.)

[2]. Mes études sur la douleur ont été développées et reprises par moi, surtout au point de vue psychologique, dans un mémoire qui a paru dans la *Revue philosophique (Étude sur la douleur,* 1877, p. 457).

40. *De l'excitabilité du muscle pendant les différentes périodes de sa contraction.*

Comptes rendus de l'Académie des sciences, 28 juillet 1879, t. LXXXIX, p. 242.

41. *De l'excitabilité rythmique des muscles et de leur comparaison avec le cœur.*

Comptes rendus de l'Académie des sciences, 10 novembre 1879, t. LXXXIX, p. 792.

42. *De l'onde secondaire du muscle.*

Muscles
de l'écrevisse.

Comptes rendus de l'Académie des sciences, 17 novembre 1880, t. XCI, p. 828.

43. *Contribution à la physiologie des centres nerveux et des muscles de l'écrevisse.*

Archives de physiologie, 1880, (2) t. VII. p. 262-294 et p. 522-576.

Ce mémoire renferme les recherches mentionnées dans les notes précédentes, et il contient un assez grand nombre de faits nouveaux.

J'ai pensé, en effet, qu'au lieu de prendre le muscle de la grenouille, sur lequel tant de physiologistes ont expérimenté, il serait intéressant d'analyser les phénomènes de la secousse et du tétanos musculaire en prenant un muscle, encore non étudié, sur lequel certains phénomènes, qui passent inaperçus avec le muscle de la grenouille, pourraient être facilement observés. C'est ainsi que j'ai pu approfondir les différentes phases de la secousse, montrer que la période de l'excitation latente est très variable, suivant l'excitabilité du muscle; qu'elle diminue à mesure que l'excitation augmente; que, pour la seconde excitation, elle atteint un minimum de 0,002, contrairement à l'opinion générale. Le phénomène de la contraction initiale est dû à une perte rapide de l'excitabilité, et l'excitabilité elle-même décroît en suivant une marche rythmique, ce qui explique le tétanos rythmique que j'ai d'abord observé, phénomène important que d'autres observateurs ont confirmé depuis. L'influence des poids sur la forme de la contraction a été aussi étudiée. J'ai montré qu'il y a une véritable contraction latente, phénomène sans lequel il est impossible d'expliquer l'addition latente et l'onde secondaire du muscle. L'excitation des ganglions conduit à assimiler complètement les réactions des centres nerveux et les réactions du tissu musculaire.

En outre, les deux principaux muscles de l'écrevisse, le muscle de la pince et le muscle de la queue, ont des contractions et des tétanos dont la forme est très différente; différences de formes liées à la différence de fonctions de l'un et l'autre de ces muscles.

---

44. *Des mouvements de la grenouille consécutifs à l'excitation électrique.*

Comptes rendus de l'Académie des sciences, 30 mai 1881, t. XCII, p. 1298. et Archives de physiologie, (2) t. VIII. 1881, p. 823-837.

Si l'on analyse les mouvements que fait une grenouille intacte, après qu'elle a été excitée par des courants électriques, on trouve que ses mouvements sont soumis à des lois aussi précises que les mouvements réflexes. On peut les analyser par la méthode graphique, ce qui fournit quelques données sur la physiologie générale des centres nerveux. On peut mesurer ainsi la rapidité d'un mouvement volontaire consécutif à une excitation sensible.

Système nerveux central.

45. *Cécité psychique expérimentale chez le chien.*

Congrès internat. de psychologie physiologique de 1889. Séance du 8 août 1889, p. 63-65. — Bull. de la Soc. de Biol. 20 février et 19 mars 1892, p. 146-148, et p. 237-239.

Par l'ablation bilatérale des circonvolutions cérébrales qui forment la partie supérieure du pli courbe, on détermine une forme spéciale de cécité psychique. Par l'animal ainsi opéré, les objets extérieurs sont encore vus en tant qu'obstacles ; *mais ils ne sont pas reconnus ;* de manière qu'ils ne provoquent plus aucun sentiment de crainte ou de désir. C'est la perte de la mémoire visuelle, phénomène qui ressemble beaucoup à l'aphasie.

46. *Troubles trophiques bilatéraux après lésions de l'écorce cérébrale.*

En collaboration avec M. LANGLOIS.

Bull. de la Soc. de Biol. 31 mai 1890, p. 315.

Physiologie
du cerveau.

47. *Influence de l'attitude sur l'anémie cérébrale.*

Bull. de la Soc. d · Biol., 17 janvier 1891, pp. 35-36.

On sait qu'en plaçant un lapin dans la position verticale, au bout d'une demi-heure (et parfois moins), la mort survient par anémie cérébrale. J'ai montré que cette expérience peut réussir même chez le chien, à condition qu'on lui ait fait subir au préalable une hémorragie abondante.

48. *Expériences sur le cerveau des oiseaux.*

Bull. de la Soc. de Biol., 17 février 1883, p. 129-133.

49. *Nouvelles expériences sur le cerveau des oiseaux.*

Revue Philosophique, juin 1887, p. 663, et *Bull. de la Soc. de Biol.*, 26 juin 1886, p. 306.

50. *Réflexe de direction de l'oreille chez le lapin.*

Bull. de la Soc. de Biol., 19 juin 1886, p. 307.

51. *Effets de l'excitation traumatique du cerveau chez les lapins.*

Bull. de la Soc. de Biol., 18 juillet 1885, p. 487-489.

52. *Contribution aux paralysies et aux anesthésies réflexes.*

Archives de Physiol. (2), t. XII, 1883, p. 367-368.

53. *Deux expériences d'inhibition sur la grenouille et les poissons.*

Bull. de la Soc. de Biol., 7 juillet 1883, p. 456-458.

54. *Leçons sur la physiologie générale des muscles, des nerfs
et des centres nerveux.*

1 vol. in-8 de 924 pages et 100 figures, chez Germer Baillière. 1882.

Ce livre représente non seulement les leçons que j'ai professées à l'École de Médecine pendant l'année 1880-1881, mais encore les résultats des recherches personnelles que j'avais entreprises depuis près de cinq ans sur cette partie fondamentale de la physiologie. En effet, dans mes recherches sur la sensibilité et dans mes études sur la physiologie de l'écrevisse, j'avais envisagé surtout ce qui intéresse la physiologie générale des tissus de la vie de relation.

J'ai cherché à étudier les conditions et les lois de l'irritabilité, de manière à établir un rapport entre l'excitation d'un tissu et la réaction de ce tissu à l'excitation. Cette étude établit d'une manière frappante la similitude du tissu nerveux et du tissu musculaire. La secousse musculaire donne l'image de la vibration de la cellule nerveuse : de là son importance, qui explique pourquoi je l'ai étudiée avec autant de détails.

Sans entrer dans le développement des faits contenus dans cet ouvrage, je noterai les chapitres suivants, que mes expériences personnelles m'ont permis de traiter, je crois, d'une manière nouvelle : contraction musculaire, — tétanos musculaire, — élasticité, travail et force du muscle, — phénomènes thermiques de la contraction, — irritabilité du muscle, du nerf, de la cellule nerveuse, — réaction cérébrale et excitabilité cérébrale, — excitabilité du muscle, du nerf et de la cellule nerveuse, — rôle des terminaisons nerveuses périphériques.

Ce qui fait en réalité l'originalité de ce livre, c'est que

pour la première fois a été présentée méthodiquement l'histoire de la contraction musculaire des invertébrés. Jusque-là, toute cette grande classe d'êtres avait été à peu près négligée — au point de vue des phénomènes musculaires — par les physiologistes, et par conséquent la secousse et la contraction du muscle ne pouvaient être connues que d'une manière incomplète.

En outre, on n'avait pas encore assimilé, dans une étude d'ensemble, à la fois didactique et expérimentale, le système nerveux et le système musculaire, dont les réactions générales ont une si saisissante analogie.

---

55. *Traduction du livre d'Harvey sur la circulation du sang, avec une introduction historique et des notes.*

1 vol. in-8 de 287 pages, 1879, chez Masson.

Circulation du sang.

Dans la partie historique, utilisant des documents nouveaux, j'ai pu prouver que la circulation pulmonaire était connue, quoique assez vaguement, des contemporains de HARVEY; mais que l'idée générale de la circulation du sang n'existait pas avant ce livre immortel. J'ai essayé d'expliquer les idées ingénieuses de GALIEN sur la circulation du sang. Quant aux notes qui suivent la traduction, elles n'ont d'autre intérêt que de permettre la comparaison entre la science du temps de HARVEY et la science d'aujourd'hui.

56. *De l'électrisation des ferments.*

Congrès des sociétés savantes de la Sorbonne, avril 1881 et *Revue scientifique,* 1881, p. 603.

Physiologie générale.

Les courants électriques d'induction, même très forts, n'arrêtent ni ne ralentissent les fermentations. En particulier, la fermentation lactique n'est pas modifiée, et il se produit autant d'acide lactique, quand on fait, pendant plusieurs heures, passer des courants à travers le liquide en voie de fermentation, que quand on laisse simplement le lait fermenter. Il en est de même pour les microbes de la putréfaction, et pour la fermentation ammoniacale de l'urée. Les courants électriques employés étaient assez puissants pour tuer des grenouilles; mais ils n'empêchaient pas leur putréfaction.

57. *Microbes chez les poissons et les animaux marins.*

Bull. de la Soc. de Biol., 4 novembre 1882, p. 669-672.

58. *Cristaux de la lymphe des poissons.*

En collaboration avec M. Louis Olivier.

Bull. de la Soc. de Biol., 17 novembre 1883, p. 588-594.

59. *Microbes de la lymphe des poissons.*

En collaboration avec M. Louis Olivier.

Comptes rendus de l'Académie des sciences, 5 février, 9 juillet et 17 septembre 1883,
t. XCVI, p. 384 et t. XCVII, p. 119 et 674.

Ces diverses observations établissent qu'il y a dans la lymphe des poissons, — lymphe qui n'est pas, comme chez les animaux supérieurs, enfermée dans des vaisseaux clos de toutes parts, — des microbes divers, et, à côté de ces microbes, d'innombrables petits cristaux qui n'avaient pas encore été vus jusqu'à présent.

Microbes
des poissons.

60. *Modifications dans le nombre des leucocytes du sang après injection de diverses substances.*

En collaboration avec M. Héricourt.

Bull. de la Soc. de Biol., 2 décembre 1893, p. 965-969, et *Mém. de la Soc. de Biol.,*
23 décembre 1893, p. 187-193.

En injectant dans le sang diverses substances, par exemple du bouillon ou de l'essence de térébenthine, on voit un phénomène singulier se produire, c'est la diminution immédiate du nombre des leucocytes du sang. Cette disparition des leucocytes ne peut pas être attribuée à l'activité de la rate; car, chez les animaux dératés, elle se produit aussi nettement que chez les animaux intacts.

Leucocytose et hypoleucocytose.

Il ne faut guère plus de quatre minutes pour que le phénomène se produise, et au bout d'une demi heure il a disparu. On l'observe sur les animaux profondément anesthésiés, de sorte qu'il est peu vraisemblable qu'il s'agisse d'un effet vaso-moteur.

L'explication de ce phénomène remarquable est donc à peu près impossible; mais, dans les sciences naturelles, ces hypothèses explicatives sont toujours moins intéressantes que la constatation du fait lui-même.

Procédés de défense de l'organisme.

61. *Les procédés de défense de l'organisme.* — I. Notions générales. — II. Le milieu thermique. — III. Les traumatismes. — IV. Les microbes. — V. Les poisons extérieurs. — VI. Les poisons intérieurs.

Revue scientifique, 1893 (2), n° 26, p. 801; 1894 (1), nos 5, 9, et 16, pp. 131, 257 et 491.

J'ai cherché à montrer dans ces leçons, qui ont une portée très générale, par quels admirables procédés physiologiques se fait l'adaptation de l'être aux forces extérieures multiples qui tendent à l'anéantir.

Ces diverses leçons, en cours de publication, seront réunies prochainement dans un livre.

62. *Un procédé de défense de l'organisme. Le ralentissement du cœur dans l'asphyxie.*

Bull. de la Soc. de Biol., 17 mars 1894.

63. *Notes de technique physiologique.* 1. *Injections péritonéales pour l'anesthésie.* 2. *Disposition de la soupape de Muller pour la respiration spontanée et la respiration artificielle.* 3. *Procédé pour conserver longtemps du sang frais sans altération et sans stérilisation.* 4. *Action des vapeurs de mercure.*

Bull. de la Soc. de Biol., 21 décembre 1889, p. 727-731.

Je signalerai en particulier l'emploi (pratiqué pour la première fois) des injections péritonéales pour l'anesthésie. Le chloral en solution de 10 p. 100 n'a pas d'effet caustique sur le péritoine, et on obtient par cette méthode une anesthésie rapide qui ne nécessite pas l'injection intra-veineuse, toujours plus ou moins dangereuse. *L'emploi de l'injection péritonéale est devenue maintenant d'un usage quotidien dans les laboratoires de physiologie.*

Technique
physiologique.

64. *De la vie des animaux enfermés dans du plâtre.*

En collaboration avec M. RONDEAU.

Bull. de la Soc. de Biol., 11 nov. 1882, p. 692-697.

65. *Observations sur la respiration de quelques poissons marins.*

Bull. de la Soc. de Biol., 30 octobre 1880; p. 314-317.

La rapidité de l'asphyxie chez les poissons est d'autant plus grande que l'animal est plus petit. Des poissons de tailles différentes, placés dans un milieu confiné, meurent en suivant précisément l'ordre de leur taille. Les poissons de mer meurent rapidement dans l'eau douce; mais il suffit de mélanger à l'eau douce une quantité relativement minime d'eau de mer pour prolonger énormément la vie d'un poisson marin. Dans de l'eau contenant du sulfate de magnésie ou du sulfate de soude les poissons de mer vivent beaucoup plus longtemps que dans l'eau douce.

Physiologie
des poissons.

4

66. *L'action toxique suivant la température.*

Bull. de la Soc. de Biol., 18 avril 1885, p. 239-241.

67. *Influence de la température sur l'intoxication des poissons.*

Bull. de la Soc. de Biol., 17 novembre 1883, p. 587-589.

68. *Influence de la pression et de la température sur l'asphyxie des poissons.*

Bull. de la Soc. de Biol., 17 novembre 1883, p. 584-587.

69. *Durée des phénomènes réflexes dans l'anémie, chez les animaux à sang froid.*

Bull. de la Soc. de Biol., 10 novembre 1888, p. 578-581.

---

70. *Poids du cerveau, du foie et de la rate des mammifères.*

Arch. de physiol., 1894, p. 232-245.

71. *Poids du cerveau, du foie et de la rate chez l'homme.*

Bull. de la Soc. de Biol., 19 janvier 1894, p. 15-21.

72. *Poids du cerveau, du foie et de la rate chez des chiens de différentes tailles.*

Bull. de la Soc. de Biol., 1891, p. 405-415.

73. *Du poids relatif des divers organes chez les poissons.*

Bull. de la Soc. de Biol., 24 novembre 1888, p. 780-782.

Surface cutanée et proportions du foie et de la rate.

En comparant les poids du foie, du cerveau et de la rate chez les chiens, j'ai pu, grâce à un grand nombre de mensurations, établir ce fait important, que le poids du foie est proportionnel à l'étendue de la surface tégumentaire, tandis que le poids de la rate est fonction du poids du corps. Or, la surface tégumentaire régit la déperdition ou radiation de chaleur; par conséquent, le foie joue un rôle important dans la production de chaleur. C'est un organe à fonctions chimiques. Au contraire la rate est sans doute dépourvue de fonctions calorifiques spéciales.

Quant au cerveau, on peut, des chiffres que j'ai donnés, dégager un autre fait, c'est que, outre les quantités qui varient avec le poids et la surface, il y a une quantité de cerveau, à fonction invariable, qui sert à l'intelligence. En prenant pour type le chien, espèce animale chez laquelle les individus adultes, suivant la race et la variété, peuvent varier de 1 kil. 500 à 50 kilog. on détermine cette quantité invariable, voisine de 45 gr.

Chez d'autres animaux, et chez l'homme, j'ai vérifié que le poids du foie est fonction de la surface, tandis que le poids de la rate est fonction du poids du corps.

---

74. *Influence du chloral sur les centres nerveux respiratoires.*
Bull. de la Soc. de Biol. 24 nov. 1888, } 779-780.

75. *Influence des anesthésiques sur la force des mouvements respiratoires.*
Comptes rendus de l'Académie des sciences, t. CVIII, 1er avril 1889, p. 681.

76. *De la ventilation pulmonaire.*
Bull. de la Soc. de Biol., 20 avril 1889, p. 304-305.

77. *Influence des pressions extérieures sur la ventilation pulmonaire.*
Arch. de physiol. 1891, (5) t. III, p. 1-20.

Les numéros 74 à 77 ont été faits, en collaboration avec M. Langlois.

Respiration et ventilation.

Dans une série de recherches, nous avons établi que le chloral diminue énormément la ventilation normale des chiens, dans une proportion de 1 à 4. La force des inspirations ne se modifie guère par le fait de la chloralisation ; elle est à peine diminuée. Au contraire la force de l'expiration a absolument disparu, de sorte que les animaux chloralisés peuvent être facilement asphyxiés par l'interposition, à l'expiration, d'une résistance même très faible. On comprend l'intérêt de ce fait pour la pratique chirurgicale ; en effet, il en résulte que, dans la chloroformisation, il faut tenir absolument libres les voies aériennes.

Par divers appareils graphiques nous avons indiqué comment se faisait la régulation respiratoire dans le cas d'obstacles opposés soit à l'inspiration soit à l'expiration.

Enfin nous avons montré qu'une pression de $0^m,10$ de mercure suffit à empêcher absolument toute respiration efficace.

78. *De la sensibilité musculaire de la respiration.*

En collaboration avec M. LANGLOIS.

Bull. de la Soc. de Psych. physiol., 1890, p. 8-12.

En interposant à la respiration une colonne d'eau (ou de mercure) de hauteur variable, on perçoit une certaine résistance que le sens musculaire de l'effort inspiratoire peut apprécier. Nous avons déterminé la limite de précision de cette sensibilité. Cette limite appréciable est de $0^m,001$ de mercure.

---

79. *Le calorimètre à siphon et la production de chaleur.*

Bull. de la Soc. de Biol., 29 nov. 1884, p. 655-657 ; 13 déc. 1884, p. 707-715.

Chaleur animale.

80. *Calorimétrie par rayonnement.*

Bull. de la Soc. de Biol., 11 janvier 1885, p. 2-8.

81. *Influence de la cocaïne et du chloroforme sur la production de chaleur.*

Bull. de la Soc. de Biol., 11 janvier 1885, p. 8-10.

82. *De la calorimétrie.*

Bull. de la Soc. de Biol., 6 février 1885, p. 98-99

83. *Hyperthermie consécutive aux lésions du cerveau.*

Bull. de la Soc. de Biol., 26 juin 1885, p. 304-306.

84. *Observations calorimétriques chez les enfants.*

Comptes rendus de l'Académie des sciences, 29 juin 1885, t. C, p. 1602.

85. *Du tétanos électrique.*

Mémoire lu à l'Académie de médecine dans la séance du 23 août 1881.

La cause immédiate de la mort par le tétanos peut être soumise à une étude expérimentale. En effet, si l'on fait passer des courants électriques puissants à travers le corps d'un chien ou d'un lapin, tous ses muscles se tétanisent. Chez le lapin, la respiration s'arrête. Aussi empêche-t-on la mort en pratiquant la respiration artificielle. Chez le chien, les combustions musculaires s'accroissent énormément, et finalement la température s'élève jusqu'à 45°. La mort est déterminée par cette élévation thermique extrême, car, si l'on refroidit l'animal violemment électrisé, il ne meurt pas. Il y a des températures immédiatement mortelles (45°) et des températures mortelles à plus longues échéances (43°7). Ce tétanos paraît donc être funeste à la vie par les contractions musculaires qui amènent soit l'hyperthermie, soit l'asphyxie.

Tétanos électrique.

86. *La fièvre traumatique nerveuse et l'influence des lésions du cerveau sur la température générale.*

Bull. de la Soc. de Biol., 29 mars 1884, p. 189-195; 5 avril 1884, p. 209-210; 19 avril 1884, p. 248-250. — Comptes rendus de l'Acad. des sciences, 1884, t. XCVIII, p. 827.

Ces notes relatent en détail un fait expérimental important. *Quand on pique le cerveau d'un lapin, on fait, en une demi-heure ou une heure, monter sa température de près de* 2°. Il y a donc dans le cerveau des centres thermiques qui agissent, soit sur la régulation de la température, soit sur la production de chaleur. Cette expérience a été répétée par M. OTT, à Chicago; MM. ARONSSOHN et SACHS, à Berlin; M. GIRARD, à Genève, et, tout récemment M. J. GUYON à Paris. Elle prouve qu'il y a une fièvre traumatique nerveuse, c'est-à-dire que les centres nerveux peuvent agir sur les actions chimiques de l'organisme et déterminer une production de chaleur plus intense qu'à l'état normal.

Pour vérifier la part relative de la déperdition plus intense ou de la production exagérée de chaleur dans cette expérience, je me suis trouvé amené à étudier la calorimétrie, et c'est pour cela que j'ai fait construire le nouveau calorimètre précédemment décrit, d'un emploi très simple, qui m'a montré que la fièvre traumatique nerveuse s'accompagne d'une production exagérée de chaleur.

87. *Recherches de calorimétrie.*

Archives de Physiol., 3ᵉ série, T. VI, 1885, pp. 236-291 et 450-497.

Ce mémoire contient les observations diverses indiquées dans les notes précédentes. J'ai recherché quelles étaient sur la production de chaleur, les influences de la taille, du tégument et des divers poisons, quelle est l'action de la température extérieure, encore inexpliquée, puisque les animaux ne se refroidissent pas comme les objets inertes, conformément à la loi de NEWTON. Pour ce qui est de l'influence de la taille, on n'avait jusque alors aucune donnée satisfaisante. Quoique ce calorimètre à siphon, que j'ai imaginé, présente des inconvénients sur lesquels j'ai, tout le premier, appelé l'attention, il est néanmoins d'une application facile, et peut servir à de nombreuses expériences. — (Mon mémoire contient environ 300 mesures.)

M. Langlois a effectué des mesures calorimétriques sur les enfants à l'aide de cet appareil, et il en a fait l'objet d'un travail intéressant, (juillet 1887). Il est à noter que ce sont là les premières expériences de calorimétrie directe et totale qui aient été faites sur l'homme.

88. *Influence de la fréquence de la respiration sur la chaleur chez le chien.*

Bull. de la Soc. de Biol., 9 août 1884, p. 548-550, et 31 juillet 1886, p. 397-399.
Mém. de la Soc. de Biol., 1887, p. 25-35.

89. *De la dyspnée thermique et de la dyspnée asphyxique chez le chien.*

Comptes rendus de l'Académie des sciences, 4 août 1884, t. XCIX, p. 279.

J'ai donné l'explication de la résistance des chiens à la chaleur extérieure. *Ils se refroidissent par l'évaporation pulmonaire.* Aussi, quand ils ne peuvent pas être anhélants, s'échauffent-ils et meurent-ils de chaleur, dès qu'on les expose au soleil. On empêche l'anhélation en les muselant; car la respiration fréquente ne peut avoir lieu que si la résistance à l'inspiration ou à l'expiration est tout à fait nulle. Comme il s'agit là d'un réflexe, l'intégrité du système nerveux et du système musculaire est indispensable. Aussi les chiens curarisés ou chloralisés sont-ils incapables de fournir la polypnée thermique, et alors ils ne résistent plus à une chaleur extérieure trop forte. Des expériences simples et décisives montrent la différence considérable qui existe entre ce que j'ai appelé la *polypnée* thermique, qui est caractérisée par une respiration précipitée, et la dyspnée asphyxique, caractérisée par une respiration lente.

91. *Des conditions de la polypnée thermique.*

Comptes rendus de l'Académie des sciences, 8 août 1887, t. CV, p. 313.

92. *Une nouvelle fonction du bulbe rachidien. Régulation de la température par la respiration.*

Arch. de physiol., 1888, t. I, (3) p. 193-211, et p. 282-311.

Régulation thermique.

J'ai étudié avec détails le phénomène dénommé par moi polypnée thermique, et qui consiste en une respiration très fréquente, laquelle entraîne l'exhalation d'une certaine quantité de vapeur d'eau, et par conséquent la réfrigération. Quoique ce phénomène soit très simple, il n'avait pas même été soupçonné avant mes expériences.

On savait (ACKERMANN, GOLDSTEIN, SHILER, GAD), que les chiens échauffés respirent vite, mais on en ignorait la raison d'être; *on n'avait pas songé à la réfrigération*, et on allait même jusque à appeler *dyspnée* un pareil phénomène. Ce qui est absurde, car, dans ces conditions d'anhélation, la respiration, au lieu d'être laborieuse, est très facile, et les voies respiratoires sont largement béantes.

Il existe deux sortes de polypnée thermique : celle qui est d'origine réflexe et celle qui est d'origine centrale. La polypnée réflexe est abolie par le chloral, si bien qu'un chien profondément chloralisé, quand on le met au soleil, se réchauffe sans avoir la polypnée qui protège contre la chaleur. Quand la température du sang arrive aux environs de 41°7, alors les chiens même chloralisés ont encore de la polypnée; mais celle-ci est d'origine centrale, c'est-à-dire due à l'échauffement des centres nerveux eux-mêmes, et non plus à l'excitation des nerfs périphériques cutanés.

Un fait remarquable, et facile à démontrer, c'est que la polypnée thermique ne peut s'établir que si le sang est saturé d'oxygène. Autrement dit, pour que la fonction physique, (réfrigérante), de la respiration, ait lieu, il faut que la fonction chimique (saturation du sang en oxygène) soit satisfaite.

Les pneumogastriques ne jouent aucun rôle dans la polypnée thermique.

Ainsi a été déterminé le mécanisme, jusque alors complètement inexpliqué, par lequel les animaux à sang chaud peuvent se refroidir, quand ils ne sont pas capables de transpiration cutanée.

93. *Expériences sur le poids des animaux*.

Arch. de physiol. 1887. 3e série, t. X, p. 473-494.

Dans ces expériences j'ai montré que les animaux perdent de leur poids une quantité qui est fonction du rythme respiratoire. En effet les poids d'oxygène consommé et de CO^2 produit se compensent à peu de chose près, de sorte que finalement c'est la perte d'eau qui est enregistrée par la balance.

La balance enregistrante a été construite de telle sorte que le graphique obtenu est proportionnel rigoureusement au poids de l'animal. On peut donc faire des lectures comparatives entre les différents graphiques qui se rapportent tous à un kilogramme du poids de l'animal.

La perte d'eau ainsi enregistrée par la balance a une grande importance, car elle mesure le refroidissement pulmonaire. C'est ainsi que la respiration règle la chaleur animale. Plus la respiration est active, plus la quantité de chaleur perdue par le poumon est considérable. Les petits animaux ont une évaporation pulmonaire beaucoup plus active que les gros. Les animaux échauffés respirent très fréquemment : donc ils perdent beaucoup d'eau et par conséquent de chaleur.

94. *Le frisson comme appareil de régulation thermique*.

Arch. de physiol., (3) t. V. 1893, p. 312-326, et *Bull. de la Soc. de Biol.*, 19 novembre 1892, p. 896-899.

95. *Des phénomènes chimiques du frisson.*

Bull. de la Soc. de Biol., 7 janvier 1893, p. 33-35.

Frisson thermique.

Lorsque on abaisse la température d'un animal au-dessous de la normale, il réagit en faisant plus de chaleur; mais le plus souvent cette production de chaleur se fait par la contraction rythmique des muscles de la vie animale; autrement dit par le frisson. J'ai montré que les animaux qui ne peuvent plus frissonner se refroidissent très vite, et inversement qu'ils se réchauffent, dès qu'ils frissonnent.

Dans une autre série d'expériences, j'ai établi qu'il y a, pour le frisson comme pour la polypnée, deux modalités du phénomène Il y a le frisson de cause *centrale*, dû au refroidissement du sang, et le frisson de cause *réflexe*, provoqué par l'action du froid sur le tégument.

Le frisson central chez l'animal (chien) non chloralisé commence à se produire quand la température est descendue de 39° à 36°. Même avec d'assez fortes doses de chloral le frisson central n'est pas aboli, tandis qu'une légère chloralisation empêche la production du frisson réflexe.

Cette étude sur le frisson complète donc notre étude sur la polypnée, si bien que le double procédé de régulation thermique contre le froid d'une part, et contre le chaud d'autre part, se trouve maintenant déterminé par ces deux démonstrations expérimenmentales.

Le frisson et la polypnée se ressemblent en ce sens qu'ils sont réglés par un double mécanisme : le mécanisme central et le mécanisme réflexe. C'est d'abord le mécanisme réflexe qui intervient. Mais si, pour une cause ou une autre, il est insuffisant, alors le mécanisme central supplée au mécanisme réflexe. Tout se passe comme si la Nature prévoyante avait voulu assurer à l'être sa stabilité thermique, dans un milieu extérieur très variable, d'abord par une régulation réflexe, presque toujours efficace, puis, en cas d'impuissance de la régulation réflexe, par une régulation centrale.

96. *Influence de la température organique sur les convulsions de la cocaïne.*

En collaboration avec M. P. LANGLOIS.

Comptes rendus de l'Académie des sciences, 4 juin 1888, t. CVI, p. 1616.

97. *De l'influence de la température interne sur les convulsions.*

En collaboration avec M. P. LANGLOIS.

Archives de Physiologie. (5) t. I. 1889, p. 181-196.

Nos expériences, faites surtout avec la cocaïne, mais poursuivies aussi avec la cinchonine et ses dérivés, nous ont prouvé que le phénomène convulsion n'était pas seulement fonction de la dose toxique, mais qu'il dépendait aussi de la température organique.

La dose convulsivante exprimée en centigrammes varie dans les proportions suivantes avec la température (pour la cocaïne).

Centigr.	Degrés.
4.	38
3.5.	39,2
2.6.	40,0
2.1.	40,4
1.7.	41,4
1.25	41,6
0.8.	43,0

Avec le lithium le même phénomène s'observe aussi. C'est donc une loi très générale, d'autant plus que, sur les poissons, dont la température, compatible avec la vie, peut varier de 20° environ, la relation entre la dose toxique et la température est tout à fait étroite.

98. *La chaleur animale.*

1 vol. in-8, Paris, Alcan, 1889.

Chaleur animale.

Ce livre est surtout l'exposé de mes recherches personnelles.

D'abord, j'ai cherché à donner des déterminations, plus exactes et plus complètes que les déterminations antérieures, de la température de l'homme et des animaux. On trouvera plus d'un millier d'observations, qui me sont personnelles, sur la température des chiens, des lapins, des cobayes, des chats et de l'homme, à l'état normal. Ces mesures, faites avec des thermomètres précis, sont assez nombreuses pour nous autoriser à considérer la moyenne obtenue comme suffisamment exacte.

Avec un nouveau calorimètre, j'ai pris plus de trois cents mesures calorimétriques, ce qui m'a permis de montrer la relation qui existe entre la surface tégumentaire et la quantité de chaleur produite. Très rigoureusement, la quantité de chaleur rayonnée par l'animal est fonction de sa surface.

Cette fonction calorifique est liée à l'intégrité du système nerveux; car les animaux chloralisés dégagent une quantité de chaleur proportionnelle, non plus à leur surface, mais à leur poids.

Inversement, quand le système nerveux est excité — par exemple par la piqûre du cerveau (expér. de 1884) — la température s'élève rapidement et croît de plus de 2°5 au-dessus de la température normale.

L'étude des poisons au point de vue de leurs effets thermiques montre que tous ils agissent sur les centres nerveux; ce qui m'a permis d'établir une classification nouvelle des poisons, qui est maintenant généralement adoptée.

L'étude des procédés de réfrigération ou de réchauffement des animaux, autrement dit de leur *régulation thermique*, m'a permis de montrer que les animaux qui ne transpirent pas, comme le chien par exemple, se refroidissent à l'aide d'une respiration plus active, extrêmement fréquente, que j'ai appelée *polypnée thermique*. En les mettant sur une balance enregistrante, très sensible, on voit qu'ils diminuent de poids d'autant plus que leur respiration est plus accélérée. Cette perte de poids est une perte d'eau, et cette perte d'eau n'a d'importance que parce qu'elle amène une réfrigération, par la volatilisation de l'eau.

Dans d'autres chapitres, j'ai traité la question de la fièvre au point de vue thermique et calorifique, de l'influence des muscles sur la production de la chaleur, de la température après la mort, du tétanos électrique qui produit la mort par hyperthermie, et du frisson thermique qui amène le réchauffement.

99. *Travaux du Laboratoire de Physiologie de la Faculté de médecine de Paris.*

1er vol. 1892. — 2e vol. 1893. — 3e vol. (*en préparation*). 2 vol. in-8, de 590 et 568 pages, chez Alcan.

Cet ouvrage est surtout la réimpression des divers mémoires signalés plus haut dans l'exposé de mes travaux. Je n'ai donc pas à en parler de nouveau. Je voudrais cependant mentionner les mémoires remarquables qui s'y trouvent, et qui sont dus à quelques-uns de mes élèves, ayant travaillé dans mon laboratoire. En premier lieu je citerai les belles recherches de MM. ABELOUS et LANGLOIS sur les capsules surrénales (*Prix de Physiologie expérimentale de l'Académie des sciences pour* 1893) et un bon travail de M. LANGLOIS sur la calorimétrie dans l'état fébrile chez les jeunes enfants. J'indiquerai aussi d'autres importantes recherches ; de M. ROUX sur l'élimination des médicaments ; de M. PACHON sur l'influence que la respiration exerce sur le système nerveux ; de M. RALLIÈRE sur l'action combinée de la chloralisation et de l'hyperthermie. Ces mémoires ne sont pas seulement des monographies complètes au point de vue bibliographique ; ils ont aussi apporté à la science des faits nouveaux et importants sur plusieurs questions de détail.

Enfin j'ai ajouté à ces mémoires quelques-unes des leçons faites à la Faculté de médecine pendant mes seize années d'enseignement de la physiologie, soit comme agrégé, soit comme professeur. (Leçons sur l'inanition, sur la respiration, etc.).

Le premier volume porte sur la physiologie générale et la physiologie du système nerveux. Le deuxième volume est consacré à la chimie physiologique et à la toxicologie ; et enfin le troisième volume, qui paraîtra en juin 1894, contiendra divers mémoires de pathologie expérimentale et de physiologie pathologique.

III

PSYCHOLOGIE PHYSIOLOGIQUE

Mes premiers travaux de psychologie datent de l'année 1875, époque à laquelle, étant encore interne des hôpitaux de Paris, j'étudiais le somnambulisme provoqué. Je prouvais ainsi, de manière à entraîner toutes les convictions, la réalité de cet important phénomène qui n'était pas encore entré dans le domaine scientifique.

J'ai eu la profonde satisfaction de voir les expérimentateurs innombrables qui m'ont suivi, médecins et physiologistes, (M. Charcot, M. Pitres, M. Bernheim, M. Heidenhain, etc.), confirmer mes premières recherches, si bien que les faits annoncés par moi sont devenus aujourd'hui d'une banalité absolue, quelque étranges qu'ils aient paru alors.

A diverses reprises, j'ai publié des notices et mémoires, dont la bibliographie suit, sur divers points de la psychologie normale et de la psychologie physiologique. Certaines expériences, que j'ai indiquées le premier (objectivation des types, transformation de l'écriture, influence des mouvements inconscients) ont été répétées partout, et je puis dire qu'elles sont à présent classiques.

La tendance qui me portait à la psychologie m'a parfois entraîné à des études plutôt littéraires, que je ne saurais renier, car j'ai pensé, — et je pense encore — que la psychologie ne peut se détacher de la physiologie, dont elle n'est qu'un des chapitres, le plus difficile peut-être, et aussi le plus intéressant.

Je donnerai donc l'indication des mémoires que j'ai écrits sur ces questions de psychologie, ainsi que sur l'enseignement de la physiologie et la physiologie générale.

100. *De quelques faits relatifs aux contractures.*

En collaboration avec M. Brissaud.

Comptes rendus de l'Académie des sciences, août 1879, t. LXXXIX p. 489.

Contractures.

Nous avons expliqué la fréquence des contractures chez les hystériques par l'augmentation extrême de l'excitabilité médullaire, ou, autrement dit, de la tonicité musculaire. Une excitation musculaire quelconque, et, entre autres, la contraction énergique du muscle, détermine la contraction permanente ou contracture de ce muscle. Nous avons proposé d'appeler *myoréflexes* ces contractures. L'excitation mécanique du tendon provoque le relâchement , tandis que l'excitation mécanique de la fibre musculaire augmente la constriction. L'application de la bande de caoutchouc, en anémiant le muscle, fait cesser la contracture.

101. *Du somnambulisme provoqué.*

Journ. de l'anat. et de la physiologie, 1875, .p. 348-378 et *Revue philosophique,* 1880 pp. 337-374 et 462-483.

102. *La personnalité et la mémoire dans le somnambulisme.*

Revue philosophique, mars 1883, p. 225-242,

Somnambulisme.

103. *L'excitabilité réflexe des muscles dans la première période du somnambulisme.*

Arch. de physiol., (2) t. VIII. 1881, p. 155-157.

104. *L'homme et l'intelligence.*

Fragments de physiologie et de psychologie, 1 vol. in-8, chez Alcan, 1re édit., 1884 2e édit., 1890.

105. *La personnalité et l'écriture.*

En collaboration avec MM. H. FERRARI et J. HÉRICOURT.
Bull. de la Soc. de Psych. physiolog., 22 févr. 1886, p. 21-30.

106. *Origine du mot magnétisme animal.*

Bull. de la Soc. de Biol., 24 mai 1884, p. 334-335.

107. *Note sur quelques faits relatifs à l'excitabilité musculaire.*

Bull. de la Soc. de Biol., 14 janvier 1882, p. 21-23.

108. *Hypnotisme et contracture.*

Bull. de la Soc. de Biol., 15 décembre 1883, p. 662-665.

109. *Qu'est-ce que la physiologie générale?*

Revue philosophique, avril 1891, p. 337-367.

110. *La physiologie et la médecine.*

Leçon inaugurale du cours de physiologie de la Faculté de médecine.
Revue scientifique, 1887. 1 br. in-8°, chez Quantin, 1888.

111. *Les réflexes psychiques.*

Revue philosophique, 1888, pp. 225-237; 387-422; 508-528.

Cette étude sur les réflexes psychiques est un travail d'ensemble sur ce phénomène fondamental de la psychologie. Avant ce mémoire, le mot de réflexe psychique n'avait pas été prononcé (ou à peine, par exemple par M. GRIESINGER, en 1843, dans un mémoire exclusivement médical). J'ai montré que la base de tous les processus psychologiques est un véritable acte réflexe cérébral, différant seulement de l'acte réflexe médullaire parce qu'il nécessite l'intervention d'un phénomène de conscience et de mémoire.

C'est ainsi que j'ai pu classer les réflexes psychiques en réflexes d'accommodation (les plus simples) et réflexes d'émotion. Ceux-

Réflexes psychiques.

là même se subdivisent en réflexes innés et réflexes acquis. La transition alors peut être observée entre le réflexe médullaire le plus élémentaire et le phénomène cérébral le plus compliqué.

112. *Les mouvements inconscients.*

In Hommage à M. Chevreul, à l'occasion de son centenaire. 1 vol. in-4, Paris, Alcan, 1886, pp. 79-94.

Mouvements inconscients. Suivant la voie que Chevreul avait tracée en 1854, j'ai donné dans ce mémoire l'explication de certains phénomènes interprétés par les spirites de la manière bizarre que l'on sait. Il m'a paru important d'essayer d'éclairer par la physiologie et l'expérimentation toute une série de phénomènes considérés comme merveilleux et incompréhensibles.

J'ai montré que des mouvements musculaires inconscients se mêlent sans cesse à nos mouvements conscients; et qu'ils peuvent même se grouper d'une manière intelligente, quoique inconsciente, de sorte qu'ils donnent l'illusion d'une personnalité nouvelle.

C'est ce que j'ai formulé ainsi : (page 79).

« Toutes les forces dites surnaturelles ne sont que des forces humaines, musculaires ou psychiques. Mais, comme elles sont soustraites à notre conscience, elles nous paraissent reconnaître une cause différente de nous, explication qui est aussi peu rationnelle que possible. »

Il semble d'ailleurs qu'aujourd'hui tous les psychologues aient accepté l'hypothèse que j'ai proposée ; à savoir *la simultanéité dans l'esprit de deux ordres de phénomènes intellectuels; les uns conscients, les autres inconscients.*

Je n'ignore pas qu'il s'est créé, à propos de ces expériences, une sorte de légende assez invraisemblable, et qu'on m'a reproché d'être *spirite*, et enclin au mysticisme, alors qu'au contraire je cherchais à donner l'explication simple, rationnelle, physiologique, des phénomènes sur lesquels les spirites établissent leur doctrine.

Toujours est-il que l'interprétation donnée par moi en 1886, corroborée par de nombreuses recherches postérieures, de M. E. Gley, de M. de Varigny, de M. Preyer, etc., n'a pas pu être réfutée.

113. *De l'influence de la durée et de l'intensité de la lumière sur la perception lumineuse.*

En collaboration avec M. A. Breguet.

Archives de physiologie (2) t. XI, 1880, p. 689 à 696.

Nous avons montré que, contrairement à l'opinion générale, une lumière faible n'est pas perçue immédiadement. Nous avons fait construire un appareil spécial, fondé sur le principe du magnétisme rémanent, qui nous a donné des éclairs lumineux ne durant qu'un millième de seconde. Ainsi, on peut constater qu'une lumière faible, perçue très nettement lorsqu'elle excite la rétine pendant quelque temps, devient invisible soit quand la durée diminue soit quand son intensité s'amoindrit. Lorsqu'on répète cette même excitation plusieurs fois de suite, la lumière devient de nouveau visible. Le phénomène de l'addition latente est donc aussi applicable aux excitations optiques.

M. Bloch et M. Charpentier ont repris ces expériences, pour les confirmer complètement, et y ajouter de nouveaux faits, d'un grand intérèt. (*Bull. de la Soc. de Biol.*, 25 juillet 1885, p. 493, etc.)

Optique physiologique.

114. *Essai de psychologie générale.*

1re édition, 1888. 2e édition, 1892.
Édition russe. Moscou, 1889. — Édition polonaise. Cracovie, 1890.

Ce livre est conçu sur un plan tout à fait nouveau. La psychologie générale n'avait pas encore fait l'objet d'une étude d'ensemble, et même le mot de *psychologie générale* avait à peine été prononcé.

J'ai cherché à montrer que cette science existe, tout comme la physiologie générale dont elle n'est qu'un fragment.

En suivant méthodiquement les propriétés des êtres vivants, depuis les organismes inférieurs jusqu'à l'homme, on arrive à découvrir une chaîne ininterrompue qui permet d'établir la progression dans le perfectionnement de l'être et des tissus.

D'abord, au début, l'irritabilité, propriété générale, commune à tout ce qui vit; cette irritabilité se localise de plus en plus dans le système nerveux, et on distingue chez les premiers êtres des renflements cellulaires (centres nerveux rudimentaires) qui peuvent transformer les excitations sensibles en excitations motrices. Par là existe une unité dans l'être qui devient un tout; avec un centre capable de colliger les excitations venues de la périphérie et de les transporter au loin; ce que j'ai résumé dans cette formule générale : *une cellule retentit sur toutes les autres, et toutes les autres retentissent sur elle.*

Dès qu'il y a des centres nerveux, il y a des actes réflexes, et le premier phénomène psychologique, le plus inférieur et le plus simple, c'est l'acte réflexe; encore qu'il ne nécessite pas le phénomène de la conscience, on peut cependant concevoir que chez les êtres inférieurs il y a un rudiment de conscience, et que cette conscience va en se développant à mesure que la complexité des cellules nerveuses, et la multiplicité de leurs relations avec la périphérie, va en augmentant.

Parallèlement à ce développement de la conscience se fait le développement de la *mémoire*. En somme, la conscience est un phénomène singulièrement voisin du phénomène mémoire, et on ne peut comprendre ni conscience sans mémoire, ni mémoire sans conscience. Quoique la mémoire soit essentiellement propre au système nerveux, on peut découvrir même dans les muscles quelque chose d'analogue. C'est ce que j'ai appelé la *mémoire élémentaire*.

En tout cas, l'acte fondamental du système nerveux, c'est l'acte réflexe qui, lorsque il est exécuté par des cellules nerveuses capables de mémoire, devient un *acte réflexe psychique*. J'ai montré que l'acte réflexe psychique a une importance fondamentale, et que, chez l'homme lui-même, presque tous les phénomènes de la vie intellectuelle pouvaient se ramener à des actes réflexes psychiques.

Ainsi, en procédant du simple au composé, on trouve d'abord l'irritabilité, puis l'acte réflexe simple, puis l'acte réflexe avec mémoire, c'est-à-dire l'acte réflexe psychique.

Enfin, en étudiant les lois de l'innervation cérébrale, on voit que les cellules nerveuses qui président à l'idéation sont placées, par leur extrême sensibilité à toutes les actions toxiques ou dynamiques, au sommet de l'échelle hiérarchique des tissus vivants, mais en somme qu'elles ne sont pas essentiellement différentes des cellules de la moelle épinière ou des centres ganglionnaires qui président aux actes réflexes simples.

IV

TOXICOLOGIE ET THÉRAPEUTIQUE
EXPÉRIMENTALE

115. *Des causes de la mort par les injections intra-veineuses
de lait et de sucre.*

En collaboration avec M. R. MOUTARD-MARTIN.

Comptes rendus de l'Académie des sciences, 14 juillet 1879, t. LXXXIX, p. 107,
et *Mémoires de la Société de Biologie,* 26 juillet 1879, p. 65-80.

Injections de lait
et de sucre.

Voici les résultats de nos expériences. L'injection de lait tue
par anémie bulbaire, de sorte qu'il est très dangereux d'injecter
du lait après une hémorrhagie grave, car on provoque précisément les accidents auxquels on veut remédier. Le lait n'agit pas
sur la circulation pulmonaire : il provoque, lorsqu'il est injecté
en quantité notable, des ecchymoses sous-endocardiques, des
vomissements, et l'arrêt du cœur, etc., tous symptômes qui
témoignent d'une anémie bulbaire.

116. *Influence du sucre injecté dans les veines sur la sécrétion
rénale.*

En collaboration avec M. R. MOUTARD-MARTIN.
Comptes rendus de l'Académie des sciences, 28 juillet 1879, t. LXXXIX, p. 240.

117. *Effets des injections intra-veineuses de sucre et de gomme.*

En collaboration avec M. R. MOUTARD-MARTIN.
Comptes rendus de l'Académie des sciences, 12 janvier 1880, t. XC, p. 98.

118. *De quelques faits relatifs à la sécrétion urinaire.*

En collaboration avec M. R. Moutard-Martin.

Comptes rendus de l'Académie des sciences, 26 janvier 1880, t. XC, p. 186.

119. *Recherches expérimentales sur la polyurie.*

En collaboration avec M. R. Moutard-Martin.

Archives de physiologie (2) t. XI, 1881, p. 1 à 48.

Dans ce mémoire se trouvent exposées avec plus de détails les expériences indiquées dans les notes précédentes.

L'injection de sucre dans les veines provoque, même quand la quantité injectée est minime (cinq grammes, par exemple), une polyurie immédiate, telle que le nombre de gouttes qui s'écoulent des deux uretères, et qui est, chez un chien, de trois en moyenne par minute à l'état normal, peut s'élever jusqu'à cent gouttes après injection de sucre. En même temps, l'urée est excrétée en plus grande quantité, quoique sa proportion centésimale dans l'urine diminue. On a donc trois phénomènes corrélatifs : la glycémie entraînant la glycosurie, la glycosurie entraînant la polyurie, et la polyurie entraînant l'azoturie. Au contraire, l'eau, qui est regardée en général comme provoquant la polyurie, ralentit la sécrétion urinaire; si bien que toutes les sécrétions s'arrêtent après injection d'une certaine quantité d'eau (50 grammes par kilogramme de poids de l'animal). De même, pour la sécrétion intestinale, après injection de sucre il y a sécrétion d'une sérosité abondante; tandis qu'après injection d'eau on n'observe rien de semblable. Certaines substances qui font monter la pression artérielle, comme les gommes, ralentissent et diminuent l'excrétion de l'urine. Quant au sucre, qui accélère tant la sécrétion, il fait baisser la pression artérielle. Toutes les substances qui passent dans l'urine (chlorure, iodure, phosphate, ferrocyanure de sodium, etc.) accélèrent la sécrétion, et la polyurie coïncide précisément avec l'élimination de la substance qui la provoque.

120. *Effets des injections d'urée et élimination de l'urée.*

En collaboration avec M. R. MOUTARD-MARTIN.

Comptes rendus de l'Académie des sciences, 28 février 1881, t. XCII.

Injections d'urée.

Nous avons montré que l'urée injectée dans le sang en quantité considérable ne provoque pas la mort, même à la dose de 200 grammes, sur un chien de 20 kilogrammes. L'urée injectée dialyse dans les tissus et les humeurs, de sorte qu'un quart d'heure après l'injection on ne retrouve dans le sang que la huitième partie de la quantité injectée. Elle est éliminée avec une extrême lenteur; si bien qu'au bout de vingt-quatre heures il n'y a pas encore, par l'urine, élimination totale de la quantité injectée. Les chiens qui ont eu les deux uretères liés meurent plus vite, après injection d'urée, que s'ils n'ont pas, au préalable, reçu cette injection.

121. *Note relative à la fermentation de l'urée.*

Comptes rendus de l'Académie des sciences, 13 mars 1881, t. XCII, p. 730.

La muqueuse des chiens morts d'urémie est très ammoniacale. On peut donc penser qu'il y a eu là une fermentation ammoniacale de l'urée par des microrganismes. L'urémie est donc probablement un empoisonnement par l'ammoniaque, et cette substance toxique se forme dans le tube digestif par des organismes inférieurs contenus en grande quantité dans l'estomac. Les peptones gastriques et la chaleur du corps favorisent cette transformation.

122. *Recherches sur les anesthésiques.*

En collaboration avec M. P. Berger.

Revue scientifique, 1880, p. 1232.

Nous avons étudié l'action physiologique des différents éthersAnesthésiques
et montré qu'ils sont tous anesthésiques, quand ils sont incomplètement solubles dans l'eau. Certains éthers, comme l'éther
benzoïque, anesthésient des grenouilles, mais n'agissent pas sur
les mammifères. Le chlorure de méthyle bien purifié peut être
considéré comme un bon anesthésique, qui n'agit pas sur le
cœur. Une des causes de la mort par le chloroforme, c'est l'abaissement de la pression artérielle ; de sorte que, lorsque la mort
est imminente, en relevant la pression intracardiaque par la compression de l'aorte, on remédie souvent aux accidents mortels.

123. *De la résistance du singe à l'empoisonnement par l'atropine.*

Bull. de la Soc. de Biol., 19 mars 1892, p. 238-239.

124. *Rapport entre la toxicité et les propriétés physiques des corps.*

Bull. de la Soc. de Biol., 22 juillet 1893, p. 775-776.

125. *La sensibilité gustative pour les métaux.*Toxicologie
générale.

Bull. de la Soc. de Biol., 29 décembre 1883, p. 687-690.

126. *La sensibilité gustative pour les alcaloïdes.*

Bull. de la Soc. de Biol., 18 avril 1885, p. 237-240.

127. *Action chimique et sensibilité gustative.*

En collaboration avec M. Gley.

Bull. de la Soc. de Biol., 19 décembre 1885, p. 743-746.

128. *Action physiologique comparée des chlorures alcalins.*

Comptes rendus de l'Acad. des sciences, 13 mars 1882, t. XCIV, p. 742; 29 oct. 1883,
t. XCVII p. 1004. — Archives de Physiologie, 2ᵉ série, 1882, t. X, p. 145 à 174
p. 366 et 367. — Bull. de la Soc. de Biol., 20 mai 1882, p. 363 et 366; 3 juin 1882, p. 397.

129. *Toxicité des sels de Rubidium.*

Comptes rendus de l'Acad. des sciences, 5 octobre et 26 octobre 1885,
t. CI, pp. 667 et 707.

130. *Action physiologique des sels alcalins.*

Archives de Physiologie, 1886, 3ᵉ série, t. VII, p. 101-150.

Toxicité des métaux
alcalins.

J'ai résumé, dans deux mémoires détaillés, insérés dans les *Archives de Physiologie*, mes expériences sur l'action physiologique des sels alcalins. J'ai montré, par près de 500 expériences, que la loi de RABUTEAU sur la toxicité comparée à l'atomicité était tout à fait inexacte; que, de plus, il est impossible de faire une classification physiologique des poisons d'après l'atomicité; car la toxicité est variable suivant la nature des tissus qu'on étudie.

J'ai examiné l'action des métaux alcalins avec plus de détail qu'on ne l'avait fait jusqu'ici, notamment le Rubidium et le Lithium, dont les propriétés physiologiques étaient peu connues. J'ai poursuivi ces études sur les ferments organisés, les mollusques, les poissons et les vertébrés supérieurs, et j'ai pu ainsi établir des faits de toxicologie générale importants, entre autres : la toxicité plus grande chez les animaux à sang chaud, quand la température extérieure s'abaisse, et le phénomène inverse chez les animaux à sang froid.

J'ai pu surtout donner la démonstration de cette loi : *que les actions toxiques sont des actions chimiques.* En effet, pour des substances qui portent leur action sur les mêmes éléments anatomiques, les doses mortelles sont proportionnelles non au poids absolu, mais au poids moléculaire.

131. *De la toxicité comparée des différents métaux.*

Comptes rendus de l'Académie des sciences, 24 octobre 1881, t. XCIII, p. 469.

En étudiant sur les poissons la toxicité de différents chlorures métalliques, j'ai établi des comparaisons précises entre l'action de ces sels. Le mercure est le plus toxique des métaux, et le sodium le moins toxique. Les autres métaux se rangent dans l'ordre suivant : mercure, cuivre, zinc, fer, cadmium, potassium, nickel, cobalt, lithium, manganèse, baryum, magnésium, calcium, sodium. Il n'y a pas de relation à établir entre le poids atomique d'un corps et sa toxicité. De même il n'y a aucune relation entre la fonction chimique d'un corps et sa puissance toxique.

132. *De l'action de quelques sels métalliques sur la fermentation lactique.*

Comptes rendus de l'Académie des sciences, t. CXIV, 20 juin 1892, p. 1494.

J'ai montré que les sels métalliques, quand on étudie avec soin leur effet sur la fermentation lactique, exercent une action qui varie avec la dose, et qu'on peut distinguer :

α. une dose indifférente.

β. une dose accélératrice. (Ce phénomène avait jusqu'ici passé inaperçu ; car ce sont les doses très faibles qui seules ont cet effet.)

γ. une dose ralentissante ;

δ. une dose empêchante.

Dans une même famille chimique, les métaux rares paraissent être plus toxiques que les métaux communs (par exemple le cadmium est plus toxique que le zinc ; le nickel est plus toxique que le fer ; le thallium est plus toxique que le plomb et que le potassium) ; tout se passe comme si les microrganismes étaient *habitués* à l'action des métaux communs.

134. *Action des sels métalliques sur la fermentation lactique.*

En collaboration avec M. Chassevant.

Comptes rendus de l'Académie des sciences, 1893, t. CXV.

135. *De l'influence des milieux alcalins ou acides*
sur la vie des écrevisses.

Comptes rendus de l'Académie des sciences, 17 mai 1880, t. XC, p. 1166.

Toxicologie
générale.

Les milieux alcalins ou acides n'agissent pas en raison directe de leur alcalinité ou de leur acidité. Les acides minéraux sont beaucoup plus toxiques que les acides organiques. L'acide nitrique est le plus toxique des acides minéraux. Une écrevisse peut vivre plusieurs heures dans de l'eau contenant 25 grammes par litre d'acide acétique. Les bases sont relativement plus funestes que les acides, et, de toutes les bases, l'ammoniaque est la plus délétère. A dose très faible (0^{gr},25 par litre) elle tue rapidement les écrevisses. Ces recherches ont été entièrement confirmées par celles de M. Yung sur les céphalopodes.

136. *Milieux acides ou basiques dans lesquels peuvent vivre*
les poissons de mer.

Bull. de la Soc. de Biol., 6 novembre 1885, p. 482-488.

137. *Des effets physiologiques et toxiques du nickel carbonyle*
$$(Ni(CO)^4)$$

En collaboration avec M. Hanriot.

Bull. de la Soc. de Biol., 14 mars 1891, p. 185-187.

Nickel carbonyle.

Nous avons montré que cette substance, toute toxique qu'elle soit, lorsqu'elle est injectée dans le sang, ne se dédouble pas immédiatement en nickel et oxyde de carbone; mais que la décomposilion s'en fait avec assez de lenteur pour que les animaux puissent vivre quelques heures avec une quantité d'oxyde de carbone (combiné au nickel) plus grande que celle qui peut se combiner à l'hémoglobine de leur sang.

138. *De l'action toxique des extraits alcooliques du sang et des vers tissus.*

En collabor avec M. HÉRICOURT.

Bull. de la Soc. iol., 13 déc. 1890, p. 695.

139. *Expériences sur le haschich.*

En collaboration avec MM. GLEY et RONDEAU.

Bull. de la Soc. de Psychologie physiologique, 1885, p. 9 à 13.

Dans l'empoisonnement des chiens par le haschich, on peut isoler un symptôme remarquable : l'hydrophobie. — Le haschich, pour agir sur les animaux, doit être donné à dose plus forte que chez l'homme.

Haschich.

---

140. *De l'action de la strychnine à très forte dose sur les mammifères.*

Strychnine.

Comptes rendus de l'Académie des sciences, 12 juillet 1880, t. XCI, 131.

141. *D'un mode particulier d'asphyxie dans l'empoisonnement par la strychnine.*

Comptes rendus de l'Académie des sciences, 30 août 1880. t. XCI, p. 443.

Les recherches de M. VULPIAN avaient établi que chez les batraciens on peut injecter des quantités considérables de strychnine sans déterminer la mort. A ces fortes doses la strychnine agit comme le curare, et il n'y a pas de convulsions. J'ai pu montrer que cette propriété de la strychnine est générale, et que, même chez les mammifères (lapins et chiens), des doses énormes de strychnine n'entraînent pas la mort. Il suffit, pour empêcher la mort, d'empêcher l'asphyxie, en faisant une respiration artificielle énergique. A cette forte dose les convulsions ont cessé, la résolution est complète, le sang est rouge, les muscles sont relâchés, et il n'y a plus ni mouvements réflexes ni mouvements volontaires. La mort par la strychnine résulte donc de l'asphyxie, qui est rendue plus rapide, et comme foudroyante, par la contraction généralisée de tous les muscles. La mort survient, en effet, après une attaque de tétanos strychnique, beaucoup plus vite qu'après la ligature de la trachée.

142. *Des dérivés chlorés de la strychnine.*

En collaboration avec M. G. BOUCHARDAT.

Comptes rendus de l'Académie des sciences, 13 décembre 1880, t. XCI, p. 990.

Nous avons préparé la strychnine monochlorée, et étudié ses propriétés physiques et physiologiques. C'est un poison aussi actif que la strychnine. A la dose de $0^{gr},0015$ elle provoque la mort des animaux. Au contraire, la strychnine trichlorée ne forme pas de sels définis avec les acides. Elle paraît sans action sur l'organisme.

———

Chloralose.

143. *Effets physiologiques du chloralose.*

En collaboration avec M. HANRIOT.

Comptes rendus de l'Acad. des sciences, 1893, t. CXVII, p. 736. — *Bull. de la Soc. chim.* (3), t. IX, p. 947 et t. XI, p. 37 (1893). — *Mém. de la Société de Biologie*, 14 janvier 1893, p. 1-16. — *Arch. de Physiol.*, (5) t. V, 1893, p. 571-574. — *Revue neurologique*, 1894, p. 97-104. — Voir aussi GOLDENBERG. *Thèse de doctorat de la Faculté de médecine de Paris. Le chloralose*, 1893. — HOUDAILLE. *Thèse de doctorat de la Faculté de médecine de Paris. Les nouveaux hypnotiques*, 1893.

En faisant réagir le chloral anhydre sur le glycose, on obtient une substance cristallisable (HEFFTER). Nous avons pu faire l'étude complète physiologique et chimique de cette substance, à laquelle nous avons donné le nom de *chloralose*.

C'est un corps qui a la formule ($C^8 H^{11} Cl^3 O^{11}$); il est soluble dans l'eau à 8 grammes par litre, et fond à 185°. Oxydé par le permanganate de potasse, il donne un acide que nous avons appelé acide chloralique; avec l'anhydride acétique et le chlorure de benzoyle il donne des dérivés acétyl-chloralose, et benzoyl-chloralose.

En même temps que le chloralose, il se produit dans la réaction du chloral anhydre sur le glycose un isomère insoluble, le parachloralose, qui paraît être physiologiquement inactif.

Le chloralose a la propriété curieuse d'agir sur les cellules cérébrales sans modifier l'innervation médullaire; autrement dit, il conserve (et même exagère) les réflexes, tout en paralysant la sensibilité et la conscience, si bien que, chez les animaux empoisonnés par le chloralose, l'insensibilité à la douleur est complète, avec une excitabilité plus grande à la succussion et à l'excitation tactile. Nulle autre substance ne peut produire cet étonnant dédoublement entre la sensibilité à la douleur qui est abolie, et la sensibilité tactile qui est exagérée. Comme les réflexes sont intacts et que la pression artérielle reste élevée, on peut faire sur les chiens chloralosés toutes les expériences qu'on faisait jadis avec le curare, avec ce double avantage fondamental que le curare, s'il donne l'immobilité, n'anesthésie pas l'animal, et qu'il nécessite la trachéotomie et la respiration artificielle. *Avec le chloralose, on a un animal insensible, ayant gardé ses réflexes et une pression artérielle forte.* Beaucoup de physiologistes hésitaient, non sans raison, à employer souvent le curare, car il n'abolit pas la douleur, et on n'a pas le droit de faire souffrir inutilement des animaux. On pourra maintenant faire avec le chloralose tout ce qu'on faisait jadis avec le curare, et on n'encourra pas le reproche d'être inhumain.

Effets hypnotiques
du chloralose.

Le chloralose, grâce à **M. Landouzy**, et à quelques-uns de nos confrères, a pu être introduit dans la thérapeutique, si bien que maintenant c'est un médicament très répandu. En effet, il possède des propriétés hypnotiques précieuses ; il a surtout l'avantage de ne pas troubler les fonctions digestives et de relever la tonicité du cœur et des vaso-moteurs. Il est donc indiqué dans l'insomnie des affections gastriques et des affections cardiaques, et aujourd'hui, en France comme à l'étranger, il est communément employé.

On nous permettra d'ajouter que c'est un des seuls — sinon le seul — médicaments nouveaux dus à des recherches de savants français. Jusque ici, les physiologistes allemands semblaient avoir le privilège des substances thérapeutiques nouvelles[1].

144. *Effets psychiques du chloralose sur les animaux.*

Bull. de la Soc. de Biol., 28 janvier 1893, p. 109-113.

145. *Effets physiologiques du chloralose.*

Bull. de la Soc. de Biol., 4 février 1893, p. 129-131.

146. *De l'action physiologique du parachloralose.*

Bull. de la Soc. de Biol., 10 juin 1993, p. 614-615.

Les numéros 144 à 146 ont été faits en collaboration avec M. Hanriot.

1. Nous avons pu obtenir avec les deux sucres aldéhydiques autres que le pglycose (arabinose et xylose), des chloraloses nouveaux, parfaitement cristallisables, que nous étudions en ce moment. Cette réaction paraît être générale, puisque en faisant agir le chloral sur le lévulose (sucre acétonique) nous avons vu obtenir un autre chloralose. L'étude chimique et physiologique de cette nouvelle série de corps paraît devoir être très instructive.

V

PHYSIOLOGIE PATHOLOGIQUE
ET PATHOLOGIE EXPÉRIMENTALE

147. *Expériences relatives au choc péritonéal.*

En collaboration avec M. P. Reynier.

Comptes rendus de l'Académie des sciences, 24 mai 1880, t. XC, p. 1220.

Nous avons pu reproduire quelques-uns des phénomènes étudiés par les chirurgiens, sous le nom de *choc traumatique et choc péritonéal.* Si l'on injecte dans la cavité abdominale d'un lapin quelques gouttes d'une solution concentrée de perchlorure de fer, la mort de l'animal survient en quelques heures en même temps qu'un refroidissement général du corps, qui va jusqu'à 24°. Il est probable que ce refroidissement est dû à une diminution des combustions interstitielles réglées par le système nerveux. Sous l'influence d'une excitation forte, il y a dépression des fonctions médullaires, et l'animal meurt avec les mêmes symptômes qu'un lapin dont la moelle a été sectionnées[1].

Choc péritonéal.

148. *De deux formes différentes de tétanos, reconnues*
par le pneumographe.

Bulletin de la Société de Biologie, 4 mars 1876, p. 17-20.

1. M. Piéchaud dans sa thèse d'agrégation (*Que doit-on entendre par le mot choc traumatique?* a donné *in extenso* nos expériences.

8

149. *De l'état fonctionnel des nerfs dans l'hémianesthésie hystérique.*

Bull. de la Soc. de Biol., 22 janvier 1876, p. 20.

Sensibilité dans les maladies.

J'ai montré, dans cette étude, faite en 1876, avant les célèbres recherches de M. CHARCOT et de ses élèves sur la sensibilité des hystériques, que, lorsque toutes les formes de la sensibilité ont disparu, la sensibilité à l'électricité est intacte.

150. *Études sur la vitesse et les modifications de la sensibilité chez les ataxiques.*

Mémoires de la Société de Biologie, 17 juin 1876, p. 79-89.

Chez les ataxiques, le retard de la sensibilité est quelquefois considérable. Il est d'autant plus grand que l'excitation porte sur une région plus éloignée de la moelle. Ainsi, lorsque l'excitation est faite aux orteils, le retard est de deux secondes, tandis qu'à la cuisse, le retard est normal ou à peu près. De plus, la vitesse de la transmission n'est pas constante, et le retard est inversement proportionnel à l'intensité de l'excitation.

———

Hématothérapie.

151. *Sur un microbe pyogène et septique et sur la vaccination contre ses effets.*

En collaboration avec M. HÉRICOURT.

Comptes rendus de l'Académie des sciences, t. CVII, 29 octobre 1888, p. 690.
Archives de médecine expérimentale, t. I, 1889, p. 674-695.

Cet organisme (*Staphylococcus pyosepticus*), très voisin du *St. pyogenes aureus*, se caractérise, quand il est injecté à un lapin, par le développement d'un œdème volumineux et d'une fièvre intense. C'est avec ce microbe que nous avons pu étudier l'influence préservatrice et immunisante du sang de chien, soit normal, soit surtout vacciné lui-même contre les effets du *St. pyosepticus*.

152. *De la transfusion péritonéale et de l'immunité qu'elle confère.*

Comptes rendus de l'Ac. des sciences, t. CVII, 5 novembre 1888, p. 748.

153. *De la transfusion péritonéale et de la toxicité variable du sang de chien pour le lapin.*

Comptes rendus de l'Ac. des sciences, t. CVIII, 25 mars 1889, p. 623.

154. *Influence de la transfusion péritonéale du sang de chien sur l'évolution de la tuberculose chez le lapin.*

Bull. de la Soc. de Biol., t. CVIII, 2 mars 1889, p. 157-163.

155. *De l'immunité conférée à des lapins par la transfusion péritonéale du sang de chien.*

Études sur la tuberculose, t. II, fasc. 2, 1890, p. 380-411 et 678-680.

156. *Nouvelles observations sur la transfusion du sang de chien pour obtenir l'immunité contre la tuberculose.*

Études sur la tuberculose, 1891, t. III, p. 16-23.

157. *De l'immunité contre la tuberculose par la transfusion du sang de chien tuberculisé.*

Bull. de la Soc. de Biol., 15 novembre 1890, p. 630-634.

158. *Technique des procédés pour obtenir du sérum pur de sang de chien et innocuité des injections de ce liquide chez l'homme.*

Bull. de la Soc. de Biol., 19 janvier 1891, p. 33-35.

159. *Nouvelles expériences sur les effets des injections de sérum dans la tuberculose.*

Bull. de la Soc. de Biol., 16 mai 1891, p. 335, 338.

Transfusion
péritonéale.

160. *Effets de l'infusion de sang de chien à des lapins sur l'évolution de la tuberculose.*

Bull. de la Soc. de Biol., 31 mai 1890, p. 316 et 7 juin 1890, p. 325-328.

Les numéros 151 à 160 ont été faits en collaboration avec M. Héricourt.

Hématothérapie dans les infections microbiennes.

Le principe de l'hématothérapie, qui a eu une si rapide fortune qu'on pourrait compter aujourd'hui plus de quatre cents mémoires écrits sur le sujet, a eu pour point de départ la note que nous avons communiquée à l'Académie le 5 novembre 1888.

Dans ce travail il était démontré que le sang des animaux réfractaires à une infection peut communiquer, quand il est transfusé à des animaux susceptibles d'infection, l'état réfractaire.

Pour arriver à cette démonstration, nous avons pris pour exemple un microbe nouveau découvert et étudié par nous, le *Staphylococcus pyosepticus*, très voisin du *St. pyogenes albus*, qui provoque chez le lapin un œdème énorme et une mort rapide, alors qu'il est à peu près inoffensif chez le chien. En faisant à un lapin la transfusion péritonéale du sang d'un chien normal, on rend ce lapin bien moins sensible à l'infection. Même, si l'on prend le sang d'un chien vacciné directement contre le *St. pyosepticus*, ce sang rend le lapin absolument réfractaire.

Ces expériences ont été répétées, avec un résultat identique, par M. Bouchard à l'aide du *B. pyocyaneus*; et MM. Bouchard et Charrin ont pu montrer que c'est par le sérum que le sang agit, et non par la fibrine ou les globules; par conséquent qu'on peut substituer la sérothérapie à l'hématothérapie.

Depuis lors les admirables recherches de MM. Behring et Kitasato, de M. Roux, de M. Haffkine, de MM. Tizzoni et Cattani, ont établi que dans le sang des animaux atteints de tétanos ou de diphtérie il y a des *antitoxines* qui neutralisent les effets du poison secrété par les microbes.

Aujourd'hui on traite communément le tétanos par cette

méthode. On l'a appliquée aussi au charbon, à la diphtérie, au
choléra, au choléra des porcs, au choléra des poules, à la syphilis,
à la rage, à la morve, à la fièvre typhoïde, à la septicémie, à la
pneumonie, et, dans quelques-unes de ces maladies, les résultats
ont été remarquables, quoique, à vrai dire, — en exceptant, bien
entendu, le tétanos — il s'agisse, pour le moment au moins, d'expériences de laboratoire, plutôt que d'une thérapeutique humaine,
à la fois inoffensive et efficace.

Après avoir démontré l'action puissante du sang de chien
vacciné contre la maladie du *Staphylococcus pyosepticus* chez le
lapin, nous avons essayé de faire cette même démonstration
pour la tuberculose. Les résultats en ont d'abord été remarquables : au bout d'un mois les lapins non transfusés au sang de
chien étaient étiques, morts ou mourants : tandis que les lapins
transfusés étaient dans un état de santé florissante. Mais malheureusement les effets salutaires de cette transfusion ont été passa-
gers, et les uns et les autres lapins ont fini par mourir.

Cependant il fallait essayer l'effet de ces injections de sang ou
plutôt de sérum sur l'homme. Cet essai, fait prudemment, nous
a montré que les injections de sérum agissent au début d'une
manière très efficace et très salutaire sur la marche de la tuberculose. Aujourd'hui un certain nombre de médecins emploient
avec succès ces injections de sérum ; elles n'ont d'autre inconvé-
nient que de provoquer quelquefois, une fois sur vingt cas environ,
une forte éruption d'urticaire.

L'amélioration est éclatante ; les forces reviennent ; la toux dis-
paraît ; l'appétit renaît ; mais, malheureusement, au bout de deux
à trois mois, les injections de sérum, quoique répétées à fré-
quents intervalles, n'ont presque plus d'effet.

Il est possible, comme nous l'avons indiqué alors, que les
injections faites non plus avec du sang normal, mais avec du
sang d'animaux rendus réfractaires par vaccination, aient des

effets plus avantageux. Mais les produits qu'une industrie peu scrupuleuse ne craint pas de présenter comme étant du sérum de chiens *immunisés* (?) ne méritent aucune confiance.

Effets cliniques de l'hématothérapie.

La bibliographie de tous les travaux qui ont été faits sur l'hématothérapie depuis 1888 est déjà extrêmement considérable; il me suffira de dire qu'on a étudié à ce point de vue presque toutes les affections microbiennes, c'est-à-dire presque toutes les maladies.

Les injections de sérum de sang de chien ont un autre effet thérapeutique remarquable. Depuis deux ans, dans son service de clinique obstétricale, M. PINARD l'emploie avec succès dans les cas de débilité congénitale. Il a pu sauver ainsi un certain nombre de nouveau-nés venus avant terme. — (Voir DELANGLE, *Les injections de sérum* (*Thèse de doctorat de la Faculté de médecine de Paris*, 1891) — et HÉRICOURT, *Le sérum de chien dans le traitement de la tuberculose* (*Arch. gén. de médec.*, avril 1892, p. 1-30).

En tout cas, quand on aura des animaux devenus, par la vaccination, réfractaires, on pourra certainement, par les méthodes techniques que nous avons indiquées, employer les injections de leur sérum afin de traiter ces maladies mêmes.

En somme, quoique datant de quelques années seulement, le principe de l'hématothérapie a déjà reçu de nombreuses applications, et il autorise pour l'avenir de la thérapeutique les plus vastes espérances.

Tuberculose du singe.

161. — *État réfractaire du singe à la tuberculose aviaire.*

Bull. de la Soc. de Biol., 5 décembre 1891, p. 802-804.

162. *Effets de la tuberculose aviaire, vaccinant contre la tuberculose humaine chez les singes et les chiens.*

Bull. de la Soc. de Biol., 23 janvier 1892, p. 58-61.

163. *Innocuité de la tuberculose aviaire chez le singe.*

Bull. de la Soc. de Biol., 5 novembre 1892, p. 846-847.

164. *Vaccination du singe contre la tuberculose.*

Bull. de la Soc. de Biol., 4 mars 1893, p. 238-240.

Les numéros 161 à 164 ont été faits en collaboration avec M. HÉRICOURT.

En étudiant la tuberculose du singe, nous avons découvert ce fait imprévu que le singe était réfractaire à la tuberculose aviaire. Alors que les plus petites doses de virus tuberculeux humain déterminent une mort rapide, des doses même fortes de tuberculose aviaire restent sans effet.

On peut constater que cette tuberculose aviaire a vacciné l'animal : car alors il ne succombe plus aussi vite après inoculation de virus tuberculeux humain. Les difficultés et la longueur de l'expérience font que nous n'avons pu encore obtenir de survie prolongée ; mais les résultats sont absolument encourageants, puisque par la vaccination, la mort a été retardée en durée de 50 p. 100.

La vaccination par la tuberculose aviaire existe donc chez le singe comme chez le chien.

Nos expériences sur le singe sont les premières qu'on ait faites chez cet animal avec un virus tuberculeux pur.

Vaccination tuberculeuse.

165. *Toxicité des produits solubles des cultures tuberculeuses.*

Comptes rendus de l'Ac. des Sciences, 16 mars 1891, t. CXII, p. 589,
et Bull. de la Soc. de Biol., 13 juin 1891, p. 470-475.

166. *De la vaccination contre la tuberculose par produits solubles des cultures tuberculeuses.*

Études sur la tuberculose, 1890, t. 1, p. 1-15, et Bull. de la Soc. de Biol.,
15 novembre 1890, p. 627-630.

167. *La vaccination tuberculeuse chez le chien.*

Comptes rendus de l'Ac. des sciences, 4 avril 1892, t. CXIV, p. 854, et 7 juin 1892,
t. CXV, p. 1389, et Bull. de la Soc. de Biol., 15 avril 1894, p. 413-415.

168. *De la vaccination contre la tuberculose humaine par la tuberculose
aviaire.*

Études sur la tuberculose, 1892, t. III, p. 365-389.

169. *Tuberculose expérimentale du chien. Influence de la dose et des
substances solubles.*

Congrès de la tuberculose, 1893, t. III, p. 263-281.

170. *Tuberculose aviaire et tuberculose humaine chez le singe.*

Congrés de la tuberculose, t. III, 1893, p. 281-286.

Les numéros 165 à 170 ont été faits en collaboration avec M. HÉRICOURT.

Nous avons entrepris sur la tuberculose du chien une série
d'expériences nombreuses. Elles s'élèvent à plus de trois cents
aujourd'hui, c'est-à-dire qu'elles sont beaucoup plus nombreuses
que toutes celles qui avaient été tentées jusqu'à présent. J'ai
donc dû faire disposer aux environs de Paris une sorte de chenil
pouvant contenir un grand nombre d'animaux, et actuellement il
y en a encore une cinquantaine en expériences.

Nous avons constaté un certain nombre de faits importants
que je résumerai brièvement.

On ignorait complètement l'aptitude du chien à contracter la
tuberculose; on prétendait même qu'il était réfractaire; nous
avons prouvé que le chien n'était nullement réfractaire à la tuber-
lose humaine. Avec des doses modérées de virus injecté dans
la veine, un chien meurt en quarante jours environ, avec un
amaigrissement graduel et une perte de poids moyenne de
25 p. 100. A la tuberculose aviaire, le chien est notablement plus
résistant qu'à la tuberculose humaine. Toutefois, quand la dose

de tuberculose aviaire est forte, il finit par mourir tuberculeux :
mais l'évolution dure trois ou quatre mois au lieu de durer un
mois et demi, comme lorsqu'il s'agit de la tuberculose humaine.

La dose de virus injecté n'est indifférente ni pour la tuberculose humaine, ni pour la tuberculose aviaire. De faibles doses
sont impuissantes à tuer ; de fortes doses amènent la mort rapide. On peut donc concevoir, si les faibles doses sont impuissantes à amener la mort, qu'elles amènent la *vaccination*.

De fait cette vaccination est possible, et nous en avons
donné la démonstration formelle[1] de sorte que nous avons pu
établir que la *tuberculose humaine est une maladie qui comporte
la vaccination*. L'importance de cette démonstration ne peut
échapper à personne.

La vaccination contre la tuberculose a été obtenue de deux
manières, tantôt par le tubercule aviaire, tantôt par le tubercule
humain, inoculé à très faible dose. En injectant à plusieurs
mois de distance des doses d'abord très faibles, puis de plus en
plus fortes de virus tuberculeux, aviaire d'abord, puis humain,
on finit par avoir des animaux absolument résistants à l'infection
ultérieure.

Dans ces conditions, une expérience de vaccination exige plusieurs mois, presque une année ; et, dans le cours de l'expérience,
beaucoup des animaux succombent. Notre procédé de vaccination
est donc loin d'être parfait ; mais il ne s'agit pas, au moins actuellement, de thérapeutique humaine, il s'agit d'un fait d'ordre
scientifique.

Quelques expériences nous ont prouvé que le sang de ces ani-

Vaccination
tuberculeuse.

1. MM. Grancher et H. Martin, après de remarquables expériences, avaient, en
juillet 1891, (*Congrès de la tuberculose*, p. 18-28), conclu de leurs recherches, que
la vaccination anti-tuberculeuse existe, encore qu'ils n'aient pu, suivant leurs
propres expressions, conférer l'immunité complète par une méthode inoffensive
et sûre. D'ailleurs leurs vaccinations portent sur la tuberculose aviaire atténuée
vaccinant contre la tuberculose aviaire, très virulente.

maux, devenus par vaccination réfractaires, possédait la propriété de vacciner lui-même contre la tuberculose. Aussi pourrons-nous réunir ces expériences aux précédentes recherches d'hématothérapie, et dire qu'il y a là une voie tout à fait nouvelle dans le traitement de la tuberculose.

TABLE

Paris — Typ. Chamerot et Renouard, 19, rue des Saints-Pères. — 31155.